工廠叢書⑤⑤

企業標準化的創建與推動

洪其福 劉耀文 編著

憲業企管顧問有限公司 發行

《企業標準化的創建與推動》

序　言

企業創建標準化活動，旨在通過企業標準體系的建立，達到強化企業體，提高企業的市場競爭能力。

隨著市場競爭的提高，更多的企業認識到建立標準體系的重要性和必要性。本書採用註解、範例、圖表、比較等方法，對企業標準體系的實施詳細描述。書中內容都是實踐總結，可信度高，可操作性強，對建立和實施企業標準體系具有實際參考意義。

本書作者二人，皆爲企業標準化之實務輔導專家，**本書是針對企業界如何建立標準化，並有效推動的具體方法**。本書在 2004 年 3 月以培訓班講義方式出現，2005 年 12 月初版上市，受到眾多讀者喜愛，2010 年檢討內容，重新修正，增加更多實例、步驟、方法，企業在實際操作標準化過程中，可適時引用切入，以達到事半功倍的效果。

2010 年 4 月

《企業標準化的創建與推動》

目 錄

第一章

企業標準化的特性

一、標準化的基本概念

1.關於標準化的定義

桑德斯在 1972 年發表的《標準化目的與原理》把標準化定義爲:「標準化是爲了所有有關方面的利益，特別是爲了促進最佳的經濟，並適當考慮產品的使用條件與安全要求，在所有有關方面的協作下，進行有秩序的特定活動所制定並實施各項規定的過程」。

標準化以科學技術與實踐的綜合成果爲依據，它不僅奠定了當前的基礎，而且還決定了將來的發展動向。

2.標準化的形式

企業標準化的形式有多種多樣，每種形式都有自己的特定含義和內容。在實際工作中，針對不同的標準化任務，可以運用適宜的標準化形式來達到預期的目的。

標準化的主要形式有統一化、通用化、簡化、系列化、組合化、模塊化。

⑴統一化

統一化就是把同類事物兩種以上的表現形態歸併爲一種或限定在一定範圍內的標準化形式。統一化的實質就是運用標準化的統一手段，經過大量的、複雜的技術協調工作，使對象的形式、功能或其他技術特徵具有一致性，並把這種一致性通過制、修訂相應的標準確定下來，以達到提高企業效益的目的。

統一化有兩種類型：一類是絕對的統一，如計量單位、數字編碼，不允許有任何靈活性；另一類是相對統一，如產品標準是對產品品質作出的統一規定，而標準中的某些品質指標又可作分等分級的規定，使產品在產品標準的統一下還具有一定的靈活性。特別是一些量大面廣、品種繁多的產品，生產企業相對較多，採用相對統一的形式將會收到較好的效果。

⑵通用化

通用化就是在相互獨立的系統中，選擇和確定具有功能互換性或尺寸互換性的子系統或功能單元的標準化形式。所以，互換性是通用化的基礎。這裏的互換性是指產品（包括元件、部件、元件、最終產品）之間在尺寸及功能上彼此互相替換的性能，其中尺寸互換的目的是滿足產品裝配過程中的互換性要求，如與產品裝配有關的尺寸、精度等幾何參數；功能互換的目的是滿足使用與維修過程中的互換性要求，如與產品有關的性能、參數指標等。產品通用的概念是指既包括尺寸互換性又包括功能互換性的通用化形式。

通用化的目的就是最大限度地擴大同一產品（包括元件、部件、元件、最終產品)的使用範圍，從而最大限度地減少產品(或零件)在設計和製造過程中的重覆工作。同時還能簡化管理，縮短產品設計、試製週期，爲組織專業化生產和大批量生產創造條件。如很多電子元器件，不僅適用於家電行業，而且也適用於通訊行業和各種電於設備等，其通用性越強，市場就越廣，生產的機動性越大，企業的效益就越高。

⑶**簡化**

簡化就是在一定範圍內，縮減標準化對象(事物或概念)的類型數目，使之在一定時間內足以滿足一般需要的標準化形式和方法。這就是說，簡化一般是事後進行的，也就是事物的多樣化已經發展到一定規模以後，才對事物的類型數目加以縮減。當然，這種縮減是有條件的，那就是簡化的結果應能保證滿足社會的一般需要。

簡化是標準化的初級形式，它廣泛用於產品的品種、規格，簡化產品的零、部、整件，簡化技術裝備，簡化結構要素等很多方面。實踐證明，簡化是對複雜對象進行標準化的一種有效形式。但簡化不是任意的縮減，更不能認爲只要把對象的類型數目加以縮減，就會產生效果。簡化的實質也是對客觀事物的構成加以調整並使之最優的一種有目的的標準化活動。因此，在進行簡化時，對於是否必須簡化，簡化得是否合理等問題，應認真細緻地進行調查研究和全面地進行技術分析。

⑷**系列化**

系列化就是對同一類產品中的一組產品同時進行標準化的一種形式。它通過對同一類產品發展規律的分析研究，市場需求發展趨勢的預測，結合自己的生產技術條件，經過全面的技術比較，將產品的主要參數、形式、尺寸、基本結構等做出合理的安排與規劃，確定適用、先進的產品系列，以協調系列產品和配套產品之間的關係。因此，可以說系列化是使某一類產品系統的結構優化、功能最佳的標準化形式。

⑸**組合化**

組合化就是按照標準化的原則，設計並製造出若干組通用性較強的單元，根據需要拼成不同用途物品的標準化形式。無論是產品設計、開發，還是生產製造，都可以運用組合化的形式。

組合化的過程既包括分解也包括組合，所以組合化是建立在分解與組合基礎上的。對於任何一個具有某種功能的產品，總可以分解爲若干功能單元，其中某些功能單元(如具有尺寸互換和功能互換、使用廣泛的零、部、整件)，可以從產品中分離出來，以通用單元或提升爲標準單元的形式存在(如機電產品中的穩壓電源、積體電路等)，這就是分解。爲了滿足一定的使用要求，把若干個預先製造好的標準單元、通用單元和個別的專用單元，按照要求有機地組合起來，組成一個具有新功能的新系統，這就是組合。

組合化又是建立在統一化成果多次重覆利用的基礎上的。組合化的優越性和它的效益均取決於組合單元的統一化(包括同類單元的系列化)以及對這些單元的多次重覆利用。因此，也可以說組合化就是多次重覆使用統一化單元或零件來構成產品的一種標準化形式。通過改變這些單元的連接方法和空間組合，使之適用於各種變化了的條件和要求，創造出具有新功能的產品。

⑹**模塊化**

模塊化就是綜合了系列化和組合化的特點，解決複雜系統多樣化的一種方法，是標準化的一種新形式。模塊化可以滿足在產品需求量的多樣性和多變性，技術更新的週期短、應用快，產品結構、功能複雜化，製造技術柔性化的形勢下，要求產品更新換代快，設計製造週期短，產品可靠性、繼承性好，成本低、售後服務好的需求。

模塊化的特徵主要表現在：

①由功能模塊(而不是單一的零件)組成產品；

②具有相同分功能的模塊，可以互換，構成變型產品或新一代產品；

③具有同一功能的模塊，可在基型、變型產品，甚至跨系列、跨品種的產品中使用，提高其利用效率；

④模塊化過程也是產品系列化開發過程。模塊只有以系列產品的形式存在才有意義，模塊化始終遵循系列化的原理和方法；

⑤模塊化產品不是整體結構，而是組合式結構，它的組合單元是以模塊為主，它是組合化的高級發展形態。

二、企業管理的基本職能是標準化

企業管理是管理，也適用於管理的兩重性原理。其自然屬性是合理調配資源，即人、財、物(設備和物料等)、資訊、時間等，以實現科學生產；其社會屬性是不斷完善企業中生產關係，促進生產經營活動。如，加強企業政治思想工作，建立以企業精神為核心的企業文化，發揚民主，鼓勵職工參加企業管理等。

傳統科學管理理論的代表人物之一，是法國實業家亨利·法約爾(Henry Fayol，1884～1925)，從 1866 年開始一直擔任企業高級管理職務，在其1916年出版的著作《工業管理和一般管理》中，第一次完整地闡述了企業管理的商業、技術、財務、會計、安全和管理六種活動，在這些管理活動中又提煉出企業管理的五項管理職能或要素，即計劃、組織、指揮、協調和控制：

1.計劃

這是企業管理的首要職能。依據客戶訂單或根據市場調研的結果，制定年度、季度、月度或每旬、每週甚至每日的生產計劃，編制年度或月度的營銷計劃，設備檢修計劃，內部審核計劃等。以指導和規範企業的各項生產經營活動。

2.組織

就是根據制定的計劃把企業各部門、各環節、各要素、各方面在時空的相互聯繫上，更合理地組織起來，形成一個協調的有機整體。具體地說，包括組織設計和組織運行兩個方面，前者是設計組織機構，明確其職責和許可權，並配備人員；後者則要求通過一定方式(如標準)建立工作流程。

3.指揮

就是發佈號令或進行指揮的意思，也就是作出決斷，發佈命令、指示、文件，聯繫單和(或)派工單。統一和規範管理對象的行爲和活動，使企業所有員工的行爲服從於主管的權威意志，完成計劃中的目標。因此它是一種強制性的管理職能，應該做到令行禁止，雷厲風行。

4.協調

它的功能是通過上下左右各個方面有效的溝通，資訊的交流，使企業各部門活動，各方面工作協調平衡起來。做到步調一致，整體平衡，全體員工共同爲實現計劃或目標而努力。

5.控制

就是對企業的各項生產經營活動狀況進行監控和檢查，一旦發現與計劃、目標或標準有不良偏差，就要及時查清原因，採取對策或措施加以糾正，以保證達標，即符合標準或實現目標。

圖 1-1　企業標準化活動示意圖

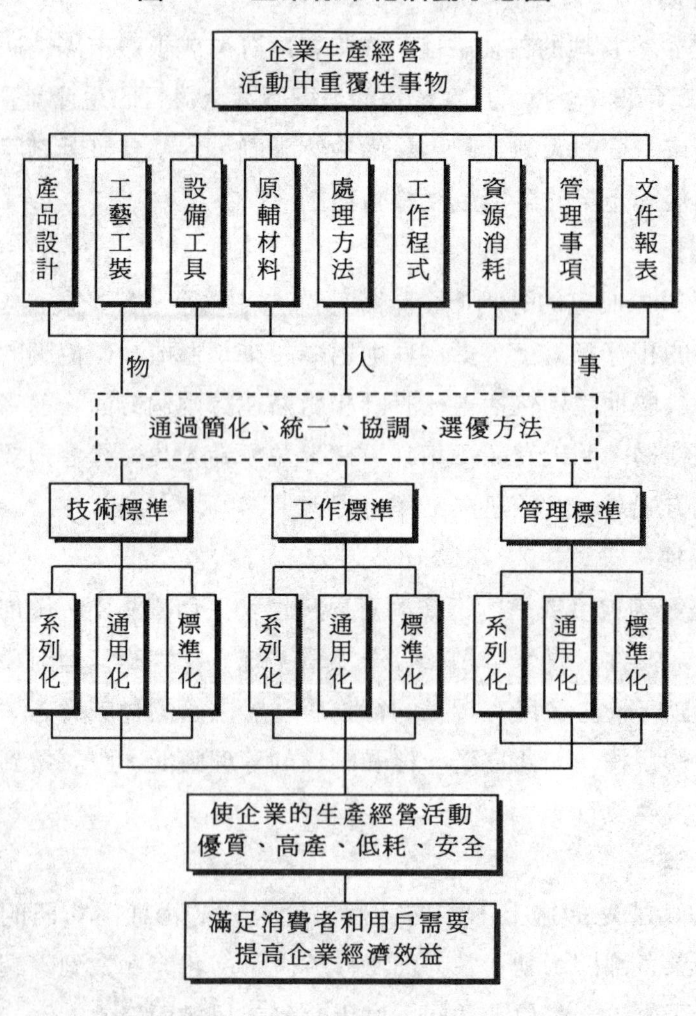

從上述五項企業管理的職能活動內容來看：計劃要依據相關標準，確定目標；組織設計和運行要依據相關標準；指揮更應依據標準號令，不可主觀臆斷，盲目指揮；協調要依據標準(如定額，期量標準)控制更要有明確的標準；因此五項職能的實施都離不開標準，標準化成爲其必不可少的基本職能。

在法約爾之後，各國管理學者先後對企業管理職能作了進一步的探討，企業管理職能也隨著企業的發展得到了不斷地增加，出現了許多不同的職能學派。如現代企業管理的職能已細化爲營銷、工藝、計劃、生產、技術、檢驗、定額、設備、物料、成本、資訊等若干項管理職能，但其最核心的管理職能仍是品質管制職能，最基本的職能還是標準化管理。

企業標準化是以企業獲得最佳秩序和最佳效益爲目標，以企業生產經營與技術等各方面活動中大量重覆性事物爲研究對象，以先進的科學技術和生產實踐經驗爲基礎，以制定企業標準及貫徹實施各級有關標準爲主要工作內容的一種有組織的科學活動。

企業標準化是企業管理的基礎，又是整個標準化工程的基本子系統，如果離開企業標準化管理，那標準化工程也就成爲無源之水，無從談起。

三、標準化的重要性

標準化是推行品質管制活動不可或缺的工作，也是經營合理化不可或缺的工具。

⑴訂定標準：訂定各種公司標準。

⑵鑑定符合程度：各種測定與檢驗工作。

⑶採取改正行動：原因的追查與糾正行動。

⑷計劃改進措施：展開連續的努力以改善標準。

訂定標準列爲品管的第一步驟，有了標準，各種行動就有了指標與準繩，減少摸索與錯誤，大家的步調容易一致，工作的結果有基準可以比較，容易評價。例如有了操作標準，大家都遵照它來工作，品質可以均勻，同時若超出界限時，可以很快查出原因。有了材料規格及驗收標準，材料品質方也易於管制。事務工作有了標準，大家分層負責，根據手續辦事，不必事事請示，主管才能有更多時間關心重大的政策與發展。如此則工作效率提高，錯誤減少，品質穩定，每個人的潛力可以充分發揮。從計劃、執行、檢核、改正行動(即 PDCA)的管理循環看，計劃階段的主要工作就是標準化工作。

四、標準化的原理

國際標準組織(ISO)在其出版的「標準化的目的與原理」一書，列出工業標準化的七個原理，作爲推行工業標準化的指南。這些原理原來針對的是國家標準化與國際標準化等廣範圍的對象，當然公司標準化也包括在裏面，在推行公司標準化時也可加引用。以下是這七個原理與說明：

1.標準化本質上是一種簡單化的行爲，是努力的結果，其目的不只是在於減少目前的複雜性，更在預防將來不必要的複雜。

2.標準化需要所有有關人員的互相協力來推動，標準的制訂需建立在多數人同意的基礎上。

推行標準化必須有關人員的支援、協力、合作方能成功，故在制訂標準時除遵重專家的判斷之外，應獲得多數人的同意。在制訂公司標準時，可將標準草案試行一段時間，徵求有關人員意見，將其包括在標準內。

3.標準化必須付諸實施，否則毫無價值。在實施時為了多數的利益，有時需要犧牲少數的利益。

標準化活動的終極目標，是帶給人類高效率且快適的生活條件，制訂與印製各種標準僅是達到目標的一種手段。例如印了很多的標準，而不在實際生產與消費上使用，則毫無價值。實施時，可能使一些人感到不便，但為了多數人的利益，這些人必須瞭解並且加強協力與合作。所以在推行之先，強力的宣傳是必要的。

4.制定標準的行動是一種本質的選擇與某段時間日內予以固定。

標準化的主題與局面的選擇，需從各種觀點慎重行事，由事情的優先順序加以考慮，標準化的直接目的是使複雜化為簡單。

5.標準制訂以後應視需要性給予必要的修訂，修訂的間隔應依個別情況而定。

為了防止標準化阻礙技術與管理的進步，需要時應加以修訂。修訂的間隔隨著情況有很大不同，應視該工業變化的情形。修訂時間不宜過短。一般公司標準應作定期檢討，以決定是否需要修訂。

6.規定產品性能時，應將判定其符合規格與否的試驗方法也加以規定。採用抽樣檢驗時，則其方法、樣本數、抽樣頻率等也應一併規定。

制訂產品規格時除特性、使用性能或使用材料應加規定之外，對於試驗設備、試驗方法、制定基準等也應加規定。採用抽樣檢驗時，則抽樣法、樣本數、全批合格與否的判定方法，也應加規定。

五、標準化的主要對象

表 1-1　標準化之對象

(1)人	
對　象	範　例
資　格	品質管制工程師之資格。
責　任	生管課長之責任。
義　務	從事於危險工作的作業員有使用安全器具的義務。
權　利	按職位可批准支出一定額以下費用之權利。
行　爲	應禁止之行爲。
(2)事	
對　象	範　例
作　業	鐵箱外殼酸洗作業程序。
步　驟	裝配機械時之粗配、精配、處理、調整之步驟，機械設備之維護法。
方　法	鋼料之化學成分分析法，真空度測定法，隨機抽樣法，工程製圖法，軸承之包裝法，顏色之表示法，研磨輪之裝置法，電爐之使用法。
手　續	原材料之驗收手續，採購手續。
對　策	火災預防對策。
計量單位	公斤、公尺、公升、秒、安培等計量單位。

續表

用　　語	內燃機有關之用語。
記號、符號	單位記號、數學記號、機械工程圖記號。
數　　列	空罐序列、螺釘序列、標準數。
數　　值	標準電壓、物理常數，原子量。
狀　　態	試驗室之標準狀態。
分　　類	商品之分類，職位之分類。

(3)物

對　　象	範　　例
形狀、尺度	六角螺栓之形狀、尺度、燈泡燈頭之形狀尺度。
構　　造	石油貯槽之構造。
裝　　備	船舶內部之裝備。
配　　置	打字機鍵盤之排列。
成　　份	鋼料之化學成分，汽車排氣之一氧化碳含量。
物理性質	鋼料之抗拉強度，電線導體之電阻。
化學性質	橡膠之耐油性。
重　　量	動力錘的重量。
外　　觀	產品之外觀。
噪　　音	滾珠軸承之噪音壓水準。
機　　能	蒸汽鍋爐用安全閥之機能。
性　　能	空氣壓縮機之性能，防銹油之性能。
功　　率	電動馬達之功率。
壽命、可靠度	燈泡的壽命，真空管之可靠度。
安　　全	家用電品之安全性。

在管理上的「依規定的規則、程序、辦法等辦事」，此實為標準化的另一種說法。制度化與標準化兩者在管理的程序上，屬於計劃、組織的範圍。標準化的對象涵蓋了企業內的人、事、物三者，所以採取人、事、物任一類別或組合兩個以上的類別，以文章、公式、圖、表、樣本或採用具體的表現方法說明。

六、確保標準化的四原則

標準化在現代企業中的重要性已說明，標準化可能帶來的成效也已說明，唯有推行標準化應遵守下述四原則，方能確保推行標準化的效益。

1.標準應一致，上下遵行

標準一經訂定，整個企業由上到下，均應一律遵行。如果有太多的人要求例外，則標準將失去權威，形同具文。

2.標準要合理正確

過高或過低的標準，對企業都會構成損害。過高的標準，勢必提高技術、設備、人工、原料零件等生產成本方能達成。過低的標準，雖生產成本可望降低，但品質太差，無法滿足消費者的需要。故標準的訂定須合理正確，方能達成「物美價美」的目標。

3.執行標準要徹底

各種標準一經訂定，即應徹底執行。同時整個企業經營，從市場調查開始，至銷售為止，每項業務、每個部門均應推行標準化。如果有的部分標準化，有的部分不實行，則標準化的效果將大打折扣。

4.標準應有公差

訂定標準時，不能只有一個數值，應訂定一個容許範圍或公差(Limitation of tolerance)，尤其是品質標準，凡品質在公差範圍內的，均應定爲合格。公差的訂定，旨在使產品的品質或工作物的尺寸不一定完全相同，只要其差異不影響產品的功能、效力，且爲顧客所接受，即視爲合乎標準，使生產能符合經濟原則。

七、標準化之具體利益

今日工業界人士對於標準化利益的認識，在製造過程中，採用標準零件(或稱可互換零件)已爲必要的經濟步驟之一。這是一個公司或工廠著手標準化首先應作之事。當公司(或工廠)標準化計劃推行有效以後，將有更大的利益，在企業各部門的利益，略舉於下。

(一)採購上的利益

1.材料，製件和供應品規範的訂定

(1)採購工作經常化。

(2)每次購料能有真正的比價。

(3)消除購買「特殊品」。

(4)消除購買價格高昂的某牌產品。

(5)促進與供應者之瞭解。

(6)減少退貨。

(7)簡化採購單。

(8)免除解釋的函件、電話詢問、繪製草圖、會商等。

⑼簡化收貨及倉儲手續。

⑽簡化詢價表格和手續。

2.材料、製作和供應品的種類之減少

⑴允許較大量之採購，而購價較低廉。

⑵允許能爲一個生產期間，作購料的安排。

⑶減少器材方面的投資。

⑷減少倉儲地位、設備和物料運搬。

⑸允許管理上的方法、用紙和手續經常化。

3.簡化經常採購手續

⑴免除人員擔任額外的工作。

⑵允許對設備、服務和供應品的非正常的採購予以更多的適當的研究。

⑶增加採購人員的效率。

⑷有助於採購部門更佳的風紀。

⑸減少錯誤和矛盾。

(二)工程上之利益

1.材料、製件和供應品規範的訂定

⑴減少在研究和設計上的決定次數。

⑵允許替用品的發明和評估。

⑶集聚可靠的性能資料。

⑷允許採用標準繪圖步驟。

⑸顯示臨界的特性和它的作用。

⑹允許採用標準生產程序和步驟。

2.標準工程或步驟

⑴減少糾紛、錯誤和誤會。

⑵允許訂定一致的試驗步驟和方法。

⑶有助於人員的訓練。

⑷允許新技術的研究和評估。

⑸集聚該公司(工廠)營運上特殊的資料。

⑹將使設計上的決定更為實用，效率更高及更為經濟。

⑺指示研究活動的方向，並確保研究的結果可以實用。

⑻幫助消除足以妨礙進步的商務。

(三)製造上的利益

1.製成品的種類減少

⑴容許較長期運轉。

⑵減少設備換裝和停工。

⑶使用專門化的工具、設備和方法，降低生產成本。

⑷減少處理項目和物料運搬。

⑸簡化生產紀錄和程序表。

2.標準方法及步驟之訂定

⑴允許更適當和生產管制。

⑵允許更有效的品質管制。

⑶有助於一致的試驗和檢查技術。

⑷提供研究和評估，改進生產技術之機會。

⑸允許某公司(工廠)特殊資料之集聚。

⑹減少誤解、錯誤和誤會。

(四)推銷上的利益

1.產品線的數目和種類的減少

⑴允許推銷努力集中於有利潤的項目。

⑵使設備和服務較易。

⑶簡化更新和修理問題。

⑷減少生產與銷售間的糾紛。

⑸促進對生產能量的瞭解。

⑹減少生產機具的特殊需要。

⑺允許與競爭的產品作比較。

⑻訂定消費者收貨和批准所需的標準。

2.標準銷售步驟和技術之訂定

⑴允許對顧客的抱怨作更佳的處理。

⑵改善與顧客間的關係。

⑶簡化銷售訓練。

⑷消除誤解、錯誤和糾紛。

⑸允許各個人和地區間銷售努力的比較。

⑹簡化銷售文書工作。

(五)事務管理上的利益

1.表格的數目和種類的減少

⑴消除不必要記錄的編制和報告的繕寫。

⑵允許正常和經常工作的訂定。

⑶使特殊設備可能採用並值得採用。

⑷簡化人員訓練。

⑸減少物料目錄、倉儲和搬運問題。

2.標準事務處理程序的訂定

⑴允許文書工作的調查、管制和改進方法的設立。

⑵允許現有表格的研究和改進。

⑶消除誤解、錯誤和誤會。

⑷提供設備和方法的改進、研究機會。

⑸有助於減少疑義，忙錄和疲勞。

⑹提高事務所的風紀。

(六)管理上的利益

1.企業各部門營運標準的建立

⑴促進「例外原則」(Exception principle)的應用。

⑵允許部門和全體營運的比較。

⑶取消對經常問題所作的重覆決定。

⑷使高級管理人員的時間得用於最重要的決定。

⑸提供中級管理人員的發展機會。

⑹改善風紀。

2.企業各部門標準政策之建立

⑴改善工業與顧客的關係。

⑵以決定代替疑問。

⑶提供中級管理人員的目標。

⑷建立管理改良計劃的基礎。

⑸提供評論和評估的機會。

⑹促進全體業務的配合和管制。

⑺促進全企業的和諧。

八、企業標準化體系的涵義

企業標準化工作是一項系統工程，它是標準化系統工程的源頭和重要組成部分，也是最有活力和競爭力的子系統，與其他任何系統工程一樣，具有集合性、相關性、目的性、環境適應性和整體性。那麼，企業標準化系統工程它的內涵是什麼呢？企業標準化體系的建立標誌是應有一套科學完善的標準並能認真、全面地實施。具體地說，就是要有一個科學、簡便、實用的企業標準體系表，並具備實施標準的能力和切實實施各項標準。

(一)企業標準體系表

企業內實施的標準按其內在聯繫形成的科學有機整體稱之爲企業標準體系。這個體系要用企業標準體系表來表述。企業標準體系表中的標準結構圖可以採用下列兩種結構之一：

1.企業標準表的層次結構圖

2.企業標準體系表的功能歸口型結構圖

對一些技術標準和管理標準難以區別分類的企業來說(如：化工企業、工程建設施工企業及服務企業)，應參照第二種結構圖即功能歸口型結構圖。

(二)實施標準的能力

衡量一個企業是否具有實施標準的能力，一般應具備下列三個方面能力要求：

1.有一支標準法制意識強，素質高，業務技術好的職工隊伍。

這是實施標準化所必需的，也是最重要的條件。任何標準，都需要或依靠人去實施。企業管理，以人爲本，如果一個企業的員工沒有理解、掌握標準實施所需的知識與技能，或者缺乏嚴格執行標準的意識與觀念，是不可能實施標準的。因此要不斷強化員工標準化教育。爲此要求：

⑴企業最高管理者(包括董事會、監事會成員和總經理、副總經理等)要牢固樹立質量第一，依法治企，按標辦事的意識。

⑵企業各級管理人員應遵紀守法，具有事事按流程，處處講標準的良好習慣。如果有標準或有標準的個別條款已滯後，不論何時何地，也能按標準規定的流程進行修改或更改。

⑶企業各類作業/服務人員應嚴格遵守標準。說標準話，幹標準活，以標準化作業爲準繩。同時，積極參與合理化建議和 QC 小組活動。

2.生產經營設備/設施(包括各種設施、裝置、工裝、模具、工具)要先進、完好。

設備是企業生產經營的物質基礎，也是企業職工從事生產經營的武器，必須先進、完好，否則就不能實施標準，製造出質量合格的產品，有時還有可能危及生命和財產安全，帶來難以估量的損失。

設備(還可包括工裝、夾具、模具等)完好。是指它們的精度或運行性能滿足工藝技術要求的技術。必要時還應包括設備零件、輔件的齊全完整，防護網罩的完好無損，甚至設備檔案的齊全完整。

3.檢測儀器、儀錶和量具要準確、可靠。

計量儀器、儀錶是企業生產過程中實施標準不可缺少的技術手段。設想一個缺乏檢測儀器或計量器具嚴重失準的企業能生產符合標準的產品是不可能的。有些儀錶(如壓力錶)失準，還會帶來災難，造成職工的傷亡和財產的損毀。

因此，凡是需要測量量值數據的地方，均應配置相應精度要求的計量儀器儀錶或量具，凡是需檢驗產品(包括進廠原輔材料，生產過程中的在製品、半成品及成品)的工序也要配置相關標準規定的檢測裝置或儀器、量具；同時，還應按時週期檢定或校準，確保其檢測的量值準確、可靠。

4.設置企業標準化工作歸口部門，實行科學、合理的標準實施考核方法。

(三)認真實施標準，並進行考核

各類標準的實施，都要求科學、合理；定量與定性相結合，但以量化指標(包括分數)爲主的標準實施考核方法，並與精神或物質激勵，經濟獎罰緊密結合，才能得到有效的實施。

無論什麼企業，生產什麼產品，不管其規模大小，員工多少，都應設置或確定企業標準化工作的歸口部門。明確其標準化管理職責和許可權，制定各項標準化管理工作標準和(或)制度，尤其要制定和實施各類標準化實施的考核辦法。

標準實施的考核過程要公開、公平、公正，具有較高的透明度，切實做到在標準面前人人平等，違標必究。

對制定標準或實施標準取得顯著成效的員工，應授予質量標準獎。(可給予榮譽稱號，且發給相當的獎金)。

任何一個企業，只有同時符合上述要求，具備上述三個方面的要求，才能說已具備建立與實施企業標準化體系的能力。

心得欄 ------------------------------------

第二章

企業標準化的發展

一、泰勒的科學管理原理

一百多年來的企業管理歷史充分說明，企業標準化隨著企業管理科學的發展而發展。無論中外企業，標準化已發展成為企業管理必不可缺少的基礎工作。

19 世紀後期，工業企業不斷產生和發展，生產規模不斷擴大，生產專業化程度逐步提高，生產力的快速發展，導致企業管理的落後方式——傳統的經驗管理，嚴重滯後、制約和阻礙了企業生產經營。迫切需求用科學的管理來替代傳統的經驗管理；資本主義世界的後起之秀——美國率先進行了企業管理的革命。從泰勒的科學管理到福特的流水生產線；吉爾佈雷斯夫婦的時間與動作研究；工業工程的創立。爲人類文明社會提供了一系列企業管理的豐碩成果。

泰勒(F.W.Taylor，1856～1915)出生於美國費城一個律師家庭，18 歲因故停學進入一個機械廠做學徒工，1878 年進費城米德維爾鋼鐵公司當技工，後提升為工長，總技師，1883 年在業餘學習基礎上獲機械工程學士學位，1884 年擔任公司總工程師。在1880 年後從事各種管理試驗，如：金屬切割，鏟鐵砂等試驗，並取得發明高速工具鋼的專利。1890 年從事企業管理顧問；1898 年進入伯利恒鋼鐵公司繼續從事企業管理研究與試驗；他先後發表了《計件工資制度》(1895)、《工廠管理》(1903)和《科學管理原理》(1911)等著作，成為美國科學管理之父。

泰勒創立的科學管理原理和內容主要有下列五點：

⑴在時間和動作研究的基礎上，包括工作日寫實、操作過程、工人操作動作的分析與改善等，制定出最佳操作方法和工作定額。

⑵細緻排選工人並按最佳操作方法培訓他們，使他們的工作能力與工作相適應。

⑶要求工人採用標準化的操作方法，並把工人使用的工具、機器、材料等都實行標準化，以實現或超過工作定額，提高勞動生產率。

⑷實行計件工資制度，以鼓勵工人完成和超額完成定額。工人超額完成，則比正常工時價格高出 25%計酬；如完不成定額，則按比正常價格低 20%付酬，以提高工人勞動積極性。

⑸計劃和執行相分離。計劃由管理者承擔，執行由工長和工人負責。

泰勒的科學管理核心思想就是把工人的作業過程實行科學分解，選擇優化最佳的操作流程、方法、動作、工具，從而制定以標準定額為核心的作業標準體系，也就是**「工人在標準條件下，**

依據作業標準，進行標準化操作，完成按標準時間核算出來的標準定額」。

泰勒在伯利恒鋼鐵公司進行了兩項有名的試驗，即「搬運鐵塊」和「鏟運物料」試驗。就具體生動地說明了上述原理：

伯利恒鋼鐵公司原有 75 名搬運工人負責搬運鐵塊工作。每個鐵塊重 40 多公斤搬運，距離為 30 米，儘管工人努力工作，但工作效率並不高，每人每天平均只能把 12.5 噸鐵塊搬上火車。泰勒經過認真觀察，計算和分析，對工人的搬起鐵塊、開步走、放下鐵塊、坐下休息等實行工序標準化，使工人每天搬運鐵塊達到 47 噸。工效提高了約 3 倍。

例如伯利恒鋼鐵公司工人鏟運物料，原來都拿自己家的鏟子鏟運鐵礦石、煤粉、焦炭等大小、質量不同的物料。泰勒選了幾個工人進行試驗，通過變更鏟上質量，得到生產效率最高的合理質量。然後根據不同的物料，設計出規格不一的鏟子。小鏟子鏟運鐵礦石，大鏟子鏟運焦炭或煤粉。每鏟的質量都在 21 磅左右，從而通過工具標準化，大大提高生產效率。

二、吉爾佈雷斯的動作研究和時間研究

費蘭克·吉爾佈雷斯(Frenk.Gilbreth，1865～1924)和利蓮·吉爾佈雷斯(Lianm.Gilbreth，1878～1972)夫婦是美國科學管理的倡導者和古典工業工程的創始者。費蘭克畢業於美國麻省理工學院。利蓮是美國第一個心理博士。他們倆互相協作，在動作和時間研究上作了大量的研究和創新。先後發表了《動作研究》(1911)、《管理心理學》(1916)、《應用動作研究》(1917)、《疲勞

研究》(1919)和《時間研究》(1920)等一系列著作。這些著作是建立在他們利用攝影技術和高精度秒錶對動作與時間進行科學測量與細微分析研究基礎上的，主要有下列三個方面貢獻：

1.通過大量的動作分析和分解，把操作細分爲下列 17 個動素(即基本動作單元)：

(1)伸手　　(2)抓取

(3)移物　　(4)定位

(5)裝配　　(6)使用

(7)分解　　(8)放手

(9)尋找　　(10)選擇

(11)預對　　(12)檢驗

(13)思考　　(14)保持

(15)放置　　(16)延遲

(17)休息

從而按操作需要、重新設計和組合動作單元，形成科學合理的操作方法，以減少或消除不必要的動作。後來又對這些動作單元分別給予統一的字母和符號。

2.從砌磚、疊布工人的動作研究起步，提出了節省和優化人體動作。優化工作系統如設備、工具安置、工作地佈置等的 22 條動作經濟原則，包括：

(1)與人體動作有關的原則(8 條)

①雙手應同時開始和結束工作；

②除規定的休息時間外，雙手不應同時空閒；

③雙臂動作應對稱，方向應相反並應同時進行；

④手的動作應盡可能以較低等級的動作完成；

⑤應盡可能利用物體的質量；

⑥作連續的曲線運動比作方向突變的直線運動為好；

⑦自由擺動動作比受約束或受控制的動作輕快；

⑧對於重覆操作，平穩和節奏性能使動作流暢和協調。

⑵與作業場所佈置有關的原則(8 條)

①工具、物料應定置；

②工具、物料及裝置應放在前面近處；

③物料的供應盡可能利用其質量，墜落手邊；

④應盡可能利用墜送方式；

⑤工具物料應按最佳操作流程排列；

⑥應有適當的照明設備，使視覺舒適；

⑦工作臺及椅子高度，應與工作者坐立適宜；

⑧工作椅式選擇及高度，應使工作者保持良好姿勢。

⑶與設備、工具有關的原則(6 條)

①應盡可能解除手的工作，而以夾具或足踏工具替代；

②可能時，應把兩種可以聯用的工具合併；

③工具應盡可能定置；

④利用手指工作時，應按各個手指的本能，合理分配負荷；

⑤手柄的設計，應盡可能使其與手接觸面增大；

⑥設備上的杠杆、十字杠及手輪位置，應能使工作者極少變動其姿勢，並能利用設備的最大能力。

3.提出在工作中必須首先看到人、瞭解人、關心人。重視工人的心理、性格，克服其同工作單調乏味或對其漠不關心而導致的不滿情緒。才能發揮其主觀能動作用和積極性，提高勞動生產率。

吉爾佈雷斯夫婦的貢獻，進一步細化了泰勒的動作和時間研究，為作業動作標準化和制定科學合理的工作定額標準，奠定了理論基礎。

三、福特汽車公司的流水生產線

美國福特汽車公司的創始人福特(H·Ford，1861～1947)在1913 年首創「T」型汽車裝配流水線生產方式。採用標準化方法解決大批量生產過程中工序和生產過程標準化裝配同步化問題，使汽車產量從 1909 年的 10007 輛增加到 1914 年的 248000 輛。單車生產成本從每輛 950 美元降低到每輛 490 美元，最後降低到 260 美元/輛，獲得了顯著的標準化效益。

為該公司實行每週五天工作制(1926)，成立福特基金會資助科教和慈善事業(1936)，提高員工收入奠定了經濟基礎。

四、工業工程的創立和發展

美國的泰勒、吉爾佈雷斯夫婦、福特等人創立了科學管理；也創建了古典工業工程。

美國賓夕法尼亞州立大學工學院設置工業工程系，開設工業工程專業，逐步建立和完善了古典工業工程學科。並於 1917 年成立美國工業工程師協會(AIIE)，確定了工業工程的下列定義。

工業工程是「研究由人員、物料、設備、能源和資訊等組成的綜合系統設計、改善和設置的一門學科。它綜合運用數學、物理和社會科學方面的專門知識、技能及工程分析和設計的原理與方法；確定檢測和評價該系統的成效」。從而使工業工程成爲美國高等教育中十大支柱學科之一。工業工程系也成爲美國五大工學士最多的系之一。被美國著名質量專家朱蘭博士稱爲「美國之所以能打勝第一次世界大戰，第二次世界大戰的重要原因」。據不完全統計，美國已有 100 多所大學設立工業工程專業，工業工程師達 20 萬人，美國各部門都採用工業工程方法評價和改善工作。

20 世紀 70 年代後，又吸取系統科學、運籌學、人類工效學、電腦科學和資訊科學，使古典工業工程發展爲現代工業工程。工業工程的定義也擬訂爲：「工業工程是爲了保證性能、業績、可靠性、可維護性有序和成本控制。將規劃、設計、實施、建造、測量與管理集成起來，實現生產與服務系統輸出的職業。從本質上講，這個集成系統是社會技術系統，它把人、資訊、物料、設備、過程和能源集成到產品、服務或基礎上的整個壽命期間，它利用社會科學、電腦科學、基礎科學，高度發達的通信技術同物理、數學、統計學、組織與行爲學及倫理學的概念，實現上述目標」。

20 世紀 50 年代後，美國的工業工程已先後輸出到歐洲、原蘇聯、日本、澳大利亞、美洲和亞洲。

現代工業工程、企業都以標準化爲其必不可少的基礎，以提高質量、提高效率、降低成本。

某種程度上看，美國很多企業發展爲著名的跨國集團公司，成爲世界 500 強之一，就是它有深厚的標準化工作基礎，而美國企業的科學管理和工業工程，則是美國企業開展和強化企業標準化工作的科學有效保障。

第三章

建立企業標準化體系的流程

一、標準化步驟1：建立企業標準體系的原則

1.目標性原則

任何標準體系的建立都有其明確的目標，都要圍繞某一特定的標準化目標形成的，即目標性。企業標準體系的建立是爲了滿足實現企業目標的需要。如促進企業的標準組織達到科學完整有序，穩定和提高產品品質，優化生產經營管理，增加效益，名牌產品認定，企業評優等。企業標準體系的目標應是具體的，可測量的，爲企業的生產、服務、經營、管理提供全面的作業依據和技術基礎，從而在實踐中可以評價和有效控制其是否達到其預期的要求。

2.集成性原則

企業標準體系是以相互關聯、相互作用的標準的集成爲特徵。隨著產品實現和服務提供的社會化、規模化程度的不斷提高，任何一個單獨的標準都難以獨立發揮其效能，只有若干相互關聯相互作用的標準綜合集成爲一個標準體系，才能大大提高標準的綜合性和集成性，而系統目標的優化程度以及其實現的可能性和各標準的集成程度和集成作用水準直接相關。企業標準體系的目標性和集成性是相互關聯和相互制約的。如爲了實現企業總的生產經營方針和目標，加強企業的管理工作必須以技術標準體系爲主，包括有管理標準體系、工作標準體系的集成。

3.系統性原則

系統是由兩個以上的組成部份結合成具有特定功能的有機整體，它本身又有它所從屬的一個更大系統的組成部份。一個大系統由兩個以上分系統組成，而一個分系統則由兩個以上小分系統組成……企業是一個大系統，反映其特性的企業標準體系也要遵循這個系統原則以建立體系的縱向結構和橫向結構。因此，在建立企業標準體系的時候，應從產品或服務實現的全過程，包括人、機、料、法、環，以及包括人流、物流、信息流和資金流的全方位管理來考慮，建立和實施企業標準體系工作，涉及企業的各個部門，需要全體員工共同參與，絕不是企業標準化管理職能部門或幾個人的事。

4.層次性原則

企業標準體系的結構層次是由系統中各要素之間的相互關係、作用方式以及系統運動規律等因素決定的，一般是高層次對低一級的結構層次有制約作用，而低層次又是高層次的基礎。如技術標準體系中的技術基礎標準和管理基礎標準都對下一層的技術標準和管理標準有約束作用，而且是下一層技術標準和管理標準的共同要求。因此在建立企業標準體系時，應根據標準的適用範圍，恰當地將標準安排在不同的層次上：應用範圍廣的標準，應安排在高層次上；應用範圍窄的個性標準應安排在低層次上。一般應儘量擴大標準的適用範圍或儘量安排在高層次上，即在大範圍內協調統一的標準，不應在數個小範圍內各自制定，這樣可以達到體系的組成層次分明，合理簡化。

圖 3-1　企業標準體系的層次結構圖

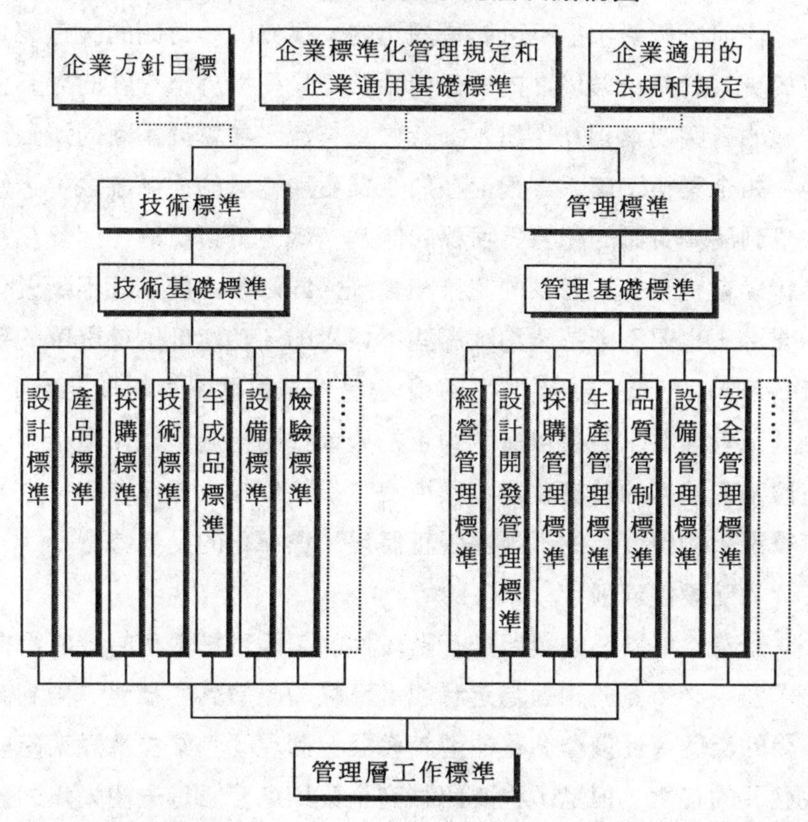

5. **協調性原則**

系統內的標準必須協調一致。標準之間存在著相互連接、相互依存、相互制約的內在聯繫，只有相互協調一致，才能發揮體系的整體功能，獲得最好效益。例如產品標準與原輔材料、零件標準之間是相互依存、相互制約的，彼此必須協調一致，才能使整個生產系統穩定運行；設備技術標準與設備管理標準之間，也存在相互依存、相互制約的關係，也必須保持相互之間的協調一致，才能有效地進行設備管理。

6.動態性原則

任何一個系統都不可能是靜止的、孤立的、封閉的，它總是處於更大的系統環境之內。任何系統總是要與外部存在的大系統環境的有關要素相互作用，進行信息交流，並處於不斷的運動之中。如企業標準體系客觀存在於企業生產經營的大系統之中，始終受到諸如企業的總方針目標的制約，總方針目標的任何變化都直接影響企業標準體系的完善和實施。同時，由於系統不斷優化的要求，也要不斷持續淘汰那些不適用的，功能低劣或重覆的要素，及時補充新的要素，對那些影響企業標準體系不能滿足生產、經營、管理要求的項目採取糾正措施或預防措施，以保證企業標準體系的動態的持續改進。標準沒有最終成果，標準在深度上的持續深化和廣度上的不斷擴張正體現了標準化的動態特徵。

7.階段性原則

企業標準體系的發展是有階段性的，因爲標準化的效能發揮要求體系必須處於相對穩定狀態。這樣的穩態到非穩態、再到高一級的穩態，促使標準化的進步發展，體現了企業標準體系階段性發展的特徵。但是，也要認識到企業標準體系是一個人爲的體系，因此它的階段性受人控制，它的發展可能出現不適應或滯後於客觀實際的狀態，這就需要及時地通過測量和數據分析，控制企業標準化過程，通過評審，不斷持續地改進企業標準體系的有效性。

企業標準化體系的內容由企業根據其生產經營範圍和任務而確定。各類企業甚至同類企業，由於其組織機構、生產工藝、管理方式和規模大小不同，企業的標準化工作內容都不是完全一樣的，任何企業都應依據其實際情況而建立企業標準化體系。

二、標準化步驟 2：整理標準化制度

企業標準化體系應密切結合企業實際，建立在企業原有的標準制度基礎上，應認真清理企業現行的標準和各項規章制度。

通過清理，弄清企業應執行那些標準與制度？企業現行的標準中那些仍適用？那些部分適用，應更改或修訂？那些已不適用應廢止？那些制度應轉化爲標準？

1. 各部門清理本單位的標準工作

企業各職能部門依據其歸口管理職能逐一清理現行有效的標準/制度，如：設備部門清理現行的設備採購、驗收、安裝調試、使用維護修理、改造直至報廢的各項管理標準/制度；物料部門清理各類物料的分類、編號、採購、驗收、倉儲、領發料方面的標準/制度，並逐一填寫標準制度清理一覽表(見表 3-1)，同時鑑定其適用性。

2. 各生產單位清理現行標準制度的主體

企業各生產經營單位是企業內實施標準的主體，因此，也必須認真清理本單位正在執行的各類標準制度，清理後也應填寫《標準/制度清理一覽表》。同時鑑定說明其適用性。如：

⑴適用；

⑵部分不適用，應更改；

⑶不適用，應修訂。

表 3-1　標準/制度清理一覽表

編　號	類　別	標準/制度名稱	發佈/實施日期	適用狀態
……				

3.匯總、分類、統計分析各個標準制度

企業標準化部門在各職能部門和生產經營單位填報的《標準/制度清理一覽表》基礎上，進行匯總、分類，整理出一份《企業現行標準/制度一覽表》（見表 3-2），確定相應的法律、法規、規章或規範。

表 3-2　企業現行標準/制度一覽表

編　號	類　別	標準/制度名稱	發佈/實施日期	適用狀態
……				

4.針對性地收集適用法律、法規、規章和標準

任何一個企業，都要認真執行法律，地方行政法規，以及企業生產產品所歸口部門的部門規章及所在地的地方規章。這些適用的法律、法規和規章，還是規範企業相應管理標準/制度的重要依據。因此每個企業在清理完企業現行的標準/制度之後，就要針對性地收集適用的現行法律、法規和規章。

必要時，亦收集部分適用的現行規範性文件，包括有關行業規範性文件(如產品認證方面的規範性文件)和企業所在地政府有關部門及市縣級政府發佈的行政規範性文件。

此外，企業標準化部門還應注意經常收集適用的 ISO、IEC 等國際標準和國外先進標準，以及現行有效又適用於企業的國家標準、行業標準和地方標準(尤其是強制性標準)，並把這些標準納入相應的標準/制度分類表中去。

三、標準化步驟 3：編制企業標準化的工作計劃

根據生產，技術和經營、管理對企業標準化工作的需要，有計劃地開展企業標準化活動，企業應認真制定企業標準化工作規劃和計劃，或編入企業和生產經營發展規劃和計劃中去，並納入企業目標管理中去。

企業標準化規劃的期限一般爲三年，計劃的期限一般爲一年。必要時也可縮短或延長。

中小型企業也可以編制包含上述若干內容的一個規劃或計劃，甚至把有關計劃編入企業年度計劃之中。如把企業標準化的培訓計劃編入《企業員工培訓年度計劃》之中，又把《標準化科

研規劃/計劃》編入《企業長期規劃》之中。

編制企業標準化工作規劃/計劃的方法同其他企業生產經營規劃/計劃相同，一般也應經過下列步驟：

⑴調查研究企業標準化工作的環境、形勢及發展需求；瞭解企業標準化工作的現狀，找出差距和薄弱環節，明確今後標準化工作方向。

⑵確定企業標準化工作方針、目標及任務。

⑶研究並確定實施企業標準化工作方針，實現企業標準化工作目標，完成企業標準化工作任務的具體措施。

⑷進一步確定完成企業標準化工作任務、實施相關各種措施所需的人力、物力和財力資源，並確定歸口部門或項目責任人，工作進度和完成期限。

⑸編寫企業標準化工作規劃/計劃草案，經過討論/論證並廣泛徵求意見後修訂完善，報送企業最高管理者審批，發佈實施。

在企業標準化工作規劃/計劃實施過程中，可以根據實際需要適時進行增補、修改，並注意規劃與計劃、計劃與計劃、規劃與規劃之間的銜接；採取滾動計劃，實現企業標準化規劃/計劃，推進企業生產經營。

企業標準化工作規劃/計劃的內容結構一般包含六個部分：

1.目的與意義

說明編制企業標準化工作規劃/計劃的目的、作用或意義；必要時還可寫明指導思想，編制原則等內容。

小型企業也可把上述內容概述在規劃/計劃的「引言」中。

2.現狀分析

主要是對企業標準化工作的現狀進行客觀科學的分析，肯定成績或優勢，明確問題或落實薄弱環節。

必要時，可以與同類先進企業(即標杆企業)的標準化工作進行比較分析，以找出差距。確定以後企業標準化工作方向和要求。

同時，在現狀分析中，必須與企業整個生產經營狀況和發展趨勢相協調，要瞭解和確定企業生產經營或新產品開發，技術創新等方面對企業標準化工作的要求。

3.工作目標

主要是依據企業生產經營目標，提出企業標準化工作目標，必要時可包含長期目標和短期(如年度)目標。

企業標準化工作目標應盡可能量化，以便考核。如產品標準水準達到國內同行業先進水準，產品採標率大於60%等。

4.主要任務

主要應寫明規劃/計劃期內應該完成的企業標準化工作任務，包括：

⑴制定企業標準方面的任務；

⑵組織實施標準方面的任務；

⑶對標準實施進行檢查及通過產品/體系認證等的任務。

上述任務應具體明確，並有完成的期限要求、責任部門或負責人。

這部分一般以列表形式，輔以相關的註解文字，見表3-3。

表 3-3　企業標準化工作任務分配表

編號	任務名稱	責任部門/人	完成期限	說　明
1	制定××產品標準	總工辦/張××	2004.～2004.8	完成備案
2	制定××產品檢驗方法標準	檢驗科/王××	2004.4～2004.8	配備量具
……				

5.具體措施

主要是具體寫明為完成企業標準化工作任務所需的資源配置、經費投入、設備採購、科研改善等方面的具體措施。同樣應明確寫明措施的內容，責任部門/人員及實施時間。

必要時，可以把措施納入主要任務分配表內，一起列表編寫。

6.其他

如可寫明實施企業標準化工作計劃過程中應注意的若干問題；寫明與相關企業工作計劃的協調內容與要求等。

表 3-4　××科技有限公司 2009 年度標準化計劃

序號	類　別	標準化工作內容	計劃實施時　間	組織部門	備註
1	標準體系管　理	(1)進一步完善標準體系，編制標準體系表 (2)按 AAA 級標準化良好行為確認的要求做好各項工作，2009 年 4 月底前完成 AAA 級標準化行為確認的驗收	2009.01～2009.03	公司辦	

續表

2	制定企業標準	進一步制定和修訂企業技術、管理和工作標準。特別關注安全、環保、能源、職業健康方面的標準	2009.04	各歸口部門	
3	制定和完善企業《標準化手冊》	按照標準要求，編制企業《標準化手冊》，明確企業標準化方針、目標，標準化管理機構和人員設置，標準化培訓、各級人員的標準化職責規定，標準化規劃、計劃、標準化信息管理規定，制定、修訂標準規定，標準實施及實施標準檢查規定，採用國際標準規定，企業標準體系評價和改進規定等	2009.03	公司辦	
4	復審和確認企業標準	對三年以上的企業標準進行復審確認	2009.06	各歸口部門	
5	參與標準化活動，參與標準的制定	(1)作爲委員單位，參加××行業標準化委員會組織的標準化活動 (2)參加××等項行業標準的制定 (3)召開行業標準研討會	2009.05～2009.12 2009.08～2009.12 2009.11	公司辦 技術中心 公司辦	
6	企業新產品標準的制定和備案	根據公司 2009 年新產品開發計劃，完成企業產品標準的制定和向上級標準化主管部門申請備案手續	根據立項時間而定	技術中心	

續表

7	計量檢測方面的標準化工作	(1)完成計量檢測體系確認	2009.07	檢測中心	
		(2)對新增加的一些檢測和試驗設備，編制操作規程、作業指導書等技術標準	2009.07～2009.12		
8	標準化培訓	組織公司標準化體系及相關標準的全員培訓	2009.01～2009.12	人力資源部	
編制(日期)：		審核(日期)：		批准(日期)：	

四、標準化步驟 4：擬定標準體系結構

企業標準體系是企業標準化體系的基礎和前提。因此企業標準化工作部門在企業標準化工作規劃/計劃中首先應該確定的任務就是編制和建立一個科學、合理、有效的企業標準體系。

由於企業標準化體系是建立在各職能標準子體系基礎之上的。因此，企業各業務職能部門應對本部門所負責的各項職能工作，認真擬定其職能標準子體系。

例如企業計量管理部門，可以根據企業標準化結構模式系統分析，擬定下列企業計量標準子體系框圖。

1.計量標準子體系框圖

如圖 3-2 所示。

圖 3-2　企業計量標準子體系結構圖

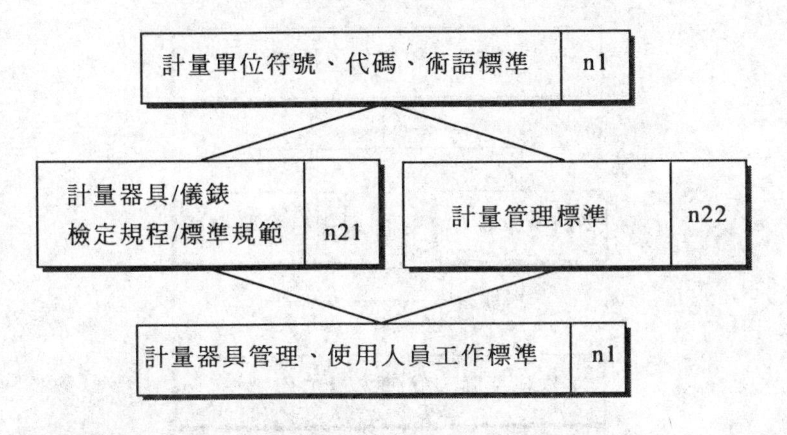

2.企業設備標準子體系框圖

例如設備管理部門，也可以擬定下列設備標準子體系框圖：

圖 3-3　企業設備標準子體系框圖

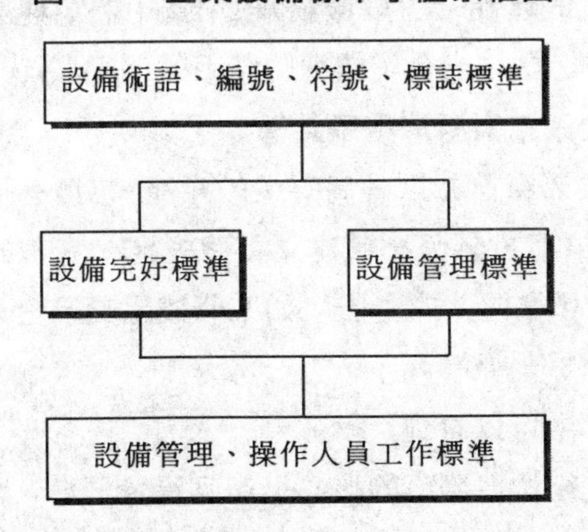

3.企業物料標準子體系框圖

例如企業物料管理部門，也可以擬定下列物料標準框圖：

圖 3-4 企業物料標準子體系框圖

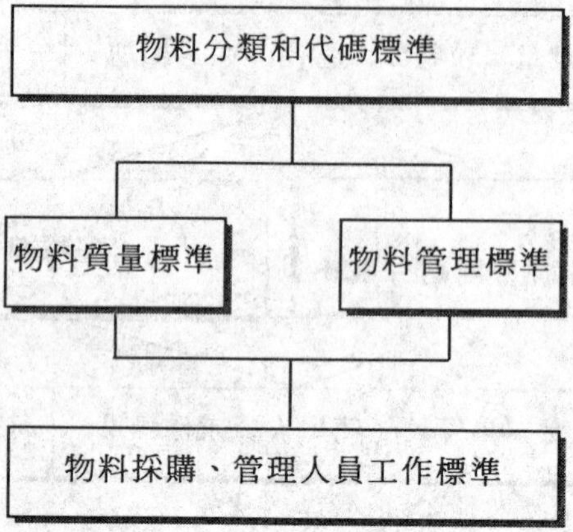

物料分類和代碼標準

物料質量標準　物料管理標準

物料採購、管理人員工作標準

五、標準化步驟 5：完善企業內的技術標準體系

以高質量的產品(工程/服務)標準爲中心，建立完善的企業技術標準體系，是建立企業標準化體系的關鍵環節。

1.策劃企業技術標準體系結構

任何企業都應首先以其高質量的產品(包括有形產品和無形產品)標準爲中心，參照標準建立一個先進、完善的技術標準體系，它是企業標準體系的主體，如某個機電工業企業的技術標準體系結構如圖 3-5 所示：

從圖 3-5 中可以看到：

(1)企業技術標準體系的核心是產品質量標準，因此，制定具有市場競爭力的產品標準，就成爲制定企業技術標準體系的首要環節。

圖 3-5　某機電公司技術標準體系結構示意圖

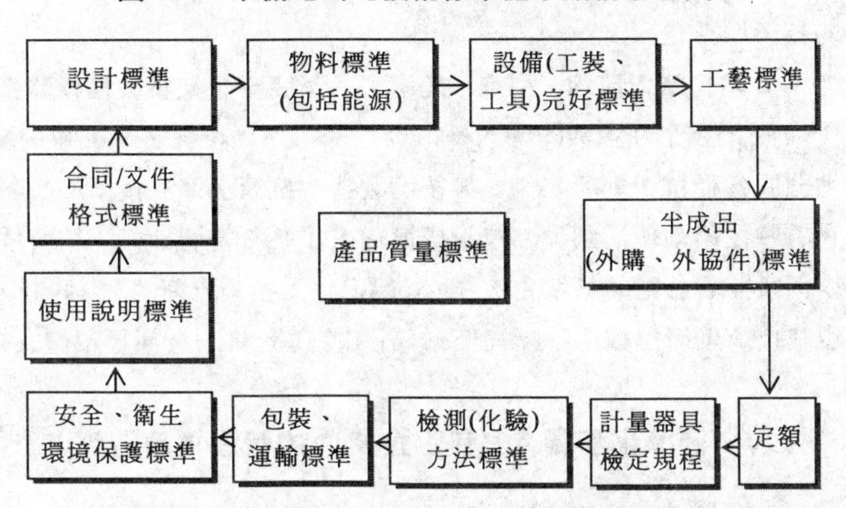

⑵從營銷合約到產品使用說明，各類技術標準均依據產品實現過程的工藝特點分佈排列著，這一系列技術標準的制定和實施目的，就是爲了確保產品質量標準的實現和持久。

2.採用 SV 分離法，提高標準化水準

在確定每類技術標準過程中，應盡可能深化，提高標準化程度。如設計中，可採用「SV 分離法」即把產品層層分解爲標準(Standard)部分和非標準(Variation)部分。如下圖 3-6 所示：

圖 3-6　SV 分離法示意圖

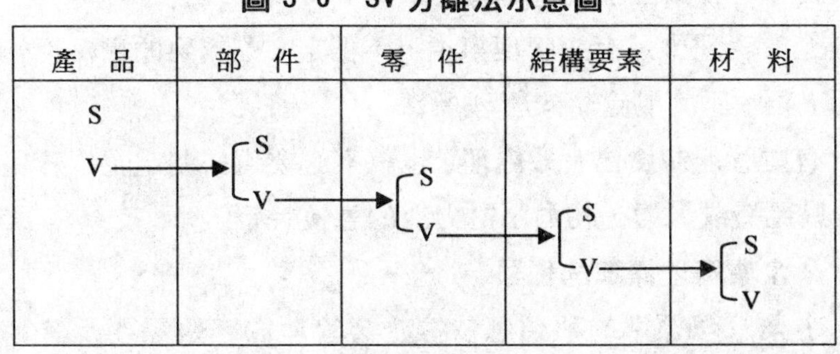

可以使非標準部分盡可能減少到最少程度，以實現最大限度的技術標準化。

3.隨企業以改造、引進、開發，不斷完善企業技術標準體系

企業爲了在激烈的國內外市場競爭中立足和發展，必須不斷地開展各種技術創新工作。如技術改造、技術引進和技術開發，在這些技術創新活動中，技術標準化工作必須密切參與，結合技術創新開展相應的標準化工作，以促進企業技術創新工作。同時，也在技術創新過程中不斷補充，修訂和完善企業的技術標準體系。

六、標準化步驟 6：制定企業內的管理標準體系

在企業技術標準體系基本形成之後，企業爲了確保技術標準的順利實施，並促進企業相關管理工作的有序化和規範化，應制定企業管理標準體系。

1.企業管理標準的對象，是企業經營領域的管理技術事項

對企業標準化領域中，需要協調統一的管理事項，所制定的標準是企業管理標準，又可稱管理流程文件。

「管理事項」主要爲實現生產經營管理職能有關的重覆性事項或概念，實質上就是管理技術事項。

企業管理中還有些管理事項，不穩定、不成熟的重覆性管理技術事項，不宜制定企業管理標準。

有些管理制度已有效處理，也就不必要再去制定企業管理標準，以免造成人力、物力、財力上的重覆耗費。

2.企業管理標準的種類

企業管理標準的種類應依據企業管理的客觀需要及其實際

管理水準而確定。一般來說，企業管理標準有以下種類：

⑴圖樣、技術文件、標準資料、資訊、檔案的管理標準；

⑵爲進行科研、設計等技術管理工作而制定的有關設計管理、技術管理標準；

⑶計量管理標準；

⑷質量檢驗/審核及質量記錄的管理標準；

⑸合約管理標準；

⑹半成品、外購件、協作件管理標準；

⑺生產管理標準；

⑻定額管理標準；

⑼成本管理標準；

⑽設備管理標準；

⑾物料管理標準；

⑿生產活動原始記錄及台賬及資訊管理標準；

⒀能源管理標準；

⒁安全管理標準；

⒂環境管理標準；

⒃職業健康和衛生管理標準；

⒄電腦及資訊管理標準；

⒅包裝、運輸、貯存和售後服務管理標準等。

3. 依據國際管理體系標準，完善企業管理標準體系

近 20 年來，國際標準化組織在總結各國質量/環境管理經驗的基礎上，先後制定了 ISO 9000 和 ISO 14000 系列標準等國際管理標準，並以此作爲合格評定的依據，實行品質管制體系認證和環境管理體系認證，促進各類組織的品質管制和環境管理水準。

此外，其他管理體系標準也先後制定和實施。如 QHSAS 18000 職業健康安全管理系列標準、BS 7799 資訊安全管理體系標準、SA 8000 社會責任體系標準等。

這些管理體系標準都有效地指導了企業確定和編制相應的管理標準。如品質管制標準、環境管理標準、安全衛生管理標準、資訊管理標準等。

目前，很多企業在實施 ISO 9000 標準中，把質量體系文件與標準文件有機結合起來，使品質管制工作與標準化工作密切結合，走出了一條綜合一體化管理標準化的寬闊大道。

七、標準化步驟 7：建立企業工作標準體系

對企業標準化領域中需要協調統一的工作事項所制定的標準，是企業的工作標準。每個企業應該按工作崗位，在崗位責任制的基礎上，採用工業工程(IE)方法制定企業工作標準，並建立企業工作標準體系(見圖 3-7)。

圖 3-7 企業工作標準體系

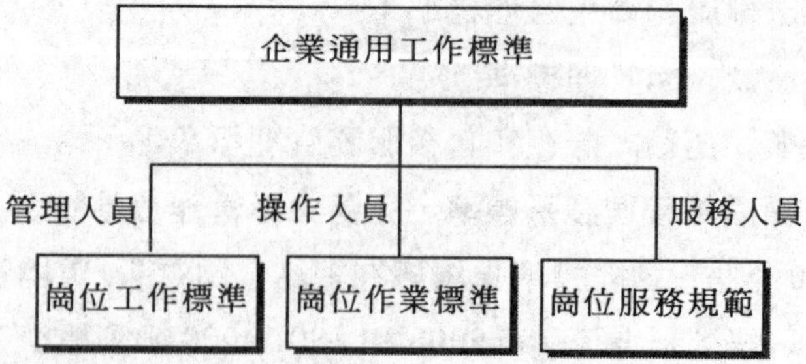

企業通用工作標準

管理人員 → 崗位工作標準

操作人員 → 崗位作業標準

服務人員 → 崗位服務規範

(一)企業工作標準的對象——重覆性工作事項

企業工作標準的對象——重覆性的工作事項主要是指與人和崗位的工作範圍、許可權、作業、流程內容與要求等，它是按崗位制定的衡量其工作質量的標準。

它具體規定了每個工作崗位應該承擔的職責和任務，完成任務的數量、質量要求，任務的完成期限，完成規定任務的流程和方法，與其他機關崗位工作的配合要求，資訊的傳遞方式，以及工作檢查和考核辦法等。由於崗位的工作性質不同，因此有時又被稱之爲崗位操作規程、作業標準或服務規範等。

應該指出的是，工作標準中不包括全部工作質量。在企業中任何崗位的人員工作質量都包括下列兩個部分：

⑴工作標準規定部分；

⑵創造性勞動部分(見圖 3-8)。

圖 3-8　工作質量與工作標準關係圖

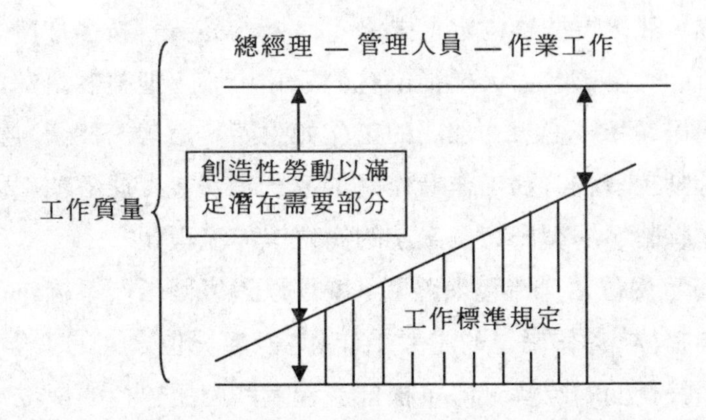

企業制定崗位工作標準，是適應企業管理從「物」的管理轉向「人」的管理的客觀需要。它不僅使相關崗位之間的工作互相銜接，協調一致，從而使每個崗位工作服務於企業的總目標，形

成一個全員的目標保證系統，發揮企業整體優化效應和系統功能。而且也是爲了更好地落實和實施技術標準、管理標準，並便於監督和考核每個企業職工的工作質量，只有控制人的工作質量，才能確保其產品或服務質量。

但是，企業工作標準只是衡量企業工作質量的基本依據，而不是全部依據或唯一依據。因此，我們既要個個崗位有標準，人人工作有標準可依，又不能把工作標準絕對化，僅滿足於達到工作標準。而是要採取各方面措施，鼓勵企業職工在達到工作標準之後，能繼續進行創造性工作，優質高效地工作。

由此可見，既要重現制定企業工作標準，以使企業職工工作有標可依，又要充分激起職工的主觀性、創造性地做好本職工作。

(二)制定企業工作標準化的前提條件

在制定企業工作標準前，首先要優化和合理地確定工作和工作崗位，然後再按崗位定「標」，以「標」選人，按勞取酬，實現各盡所能，各盡其力。要從系統的觀點出發，把整個企業工作看作一個母系統，把每一部門的工作如生產、銷售、技術、物料供應、勞動工資和財務工作看作是子系統，然後根據各項工作業務的內在聯繫，繪製出每個系統的崗位工作流程圖。

有了崗位工作流程網路圖，就可以對每個工作系統包括多少個工作崗位，每個崗位的主要工作，以及各崗位之間的工作聯繫，有個比較全面的瞭解。即可根據流程網路圖所包括的崗位，所要進行的工作制定出各項工作標準。

(三)作業指導書和工作標準化的關係

作業指導書是「有關任務如何實施和記錄的詳細描述」，它可以是詳細的書面描述、流程圖、圖表、圖樣中的技術註釋、規範、設備操作手冊、圖片、錄影、檢查清單或這些方式的組合。它應當對使用的材料、設備和文件進行描述。必要時，還可包括接收規則(GB/T 19023)。

這充分說明作業指導書是具體、詳細描述某一作業過程的文件，它可以包含在流程文件中或被其引用。

一般來說，作業指導書應當指導那些沒有作業指導書後會產生問題的關鍵作業活動，並被崗位作業規程或服務規範所引用。有時候，如某一崗位的工作過程只是一個關鍵作業過程，也可以把作業指導書作爲崗位作業規程或服務規範。

因此，任何一個企業，在建立企業工作標準體系的時候，應策劃並確定作業指導書的類別、名稱及數量。

八、標準化步驟 8：確定企業基礎標準體系

在企業範圍內作其他標準的基礎普遍使用，對企業各類標準具有指導意義的標準是企業基礎標準。它位於企業標準體系的第一層，必要時，還可分成：

⑴企業通用基礎標準；

⑵企業技術基礎標準；

⑶企業管理基礎標準(見圖 3-9)。

圖 3-9　企業基礎標準層次結構

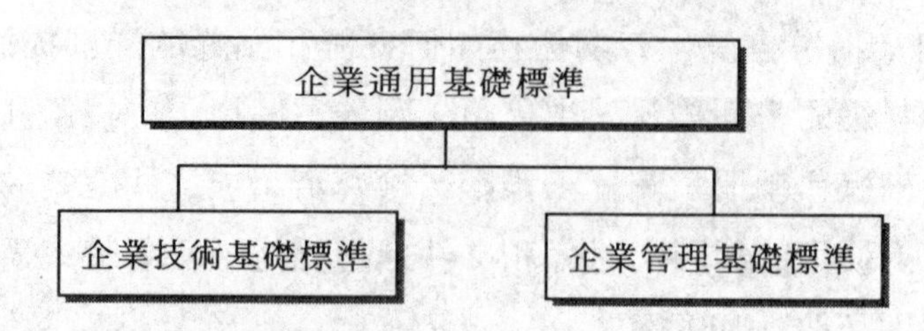

(一)企業通用基礎標準

企業通用基礎標準是各級標準中最基本，最主要的一類標準，每個企業必須認真實施適用的國際標準、國家標準及行業標準中的基礎標準。

1.國際基礎標準

ISO/IEC 導則中附錄 A 提供了各類國際基礎標準，例如：

⑴ ISO 9000　品質管制體系——基礎和術語

⑵ ISO 9001　品質管制體系——要求等。

2.行業基礎標準

每個行業都有其本行業通用的基礎標準，如：機械行業的基礎標準有：

⑴ GB/T 4457　機械製圖

⑵機械行業通用的試驗、檢驗方法標準

⑶機械行業通用的技術文件管理標準

3.企業通用基礎標準

一般說，企業通用基礎標準有：

⑴企業標準化工作規則；

⑵(企業適用的)數、量與單位標準；

⑶術語標準；

⑷符號、代號、信號、標誌標準；

⑸資訊分類編碼標準；

⑹技術製圖標準；

⑺抽樣與統計方法標準等。

這些企業通用基礎標準應該優先等同採用適用的國際、國家和行業基礎標準。

(二)企業技術基礎標準

大中型企業可以對一些技術領域內能用的基礎標準分爲若干個企業技術基礎標準，如：機械工業企業的基礎標準中，有企業適用的公差與配合標準、形位公差標準和表面粗糙度標準等。

(三)企業管理基礎標準

對企業管理標準具有指導意義的標準是企業管理基礎標準，如企業管理術語標準、企業管理部門代碼標準、企業管理方法標準等就是管理基礎標準。

目前，適用企業管理基礎標準的國家管理方法標準主要有：

⑴ GB/T 19000/ISO 9000 族品質管制體系標準

⑵ GB/T 24000/ISO 14000 環境管理體系系列標準

⑶ GB/T 28000/OHSMS 18000 職業健康安全管理體系系列標準

⑷ GB/T 8223 價值工程　基本術語和一般工作流程

⑸ GB 13400 網路計劃技術系列標準。

當然，這些管理方法標準應該結合企業實際轉化爲企業的管理體系標準或文件，再列入企業管理基礎標準體系。

九、標準化步驟 9：實施企業標準化

建立企業標準體系，僅僅是建立企業標準化體系的第一步，更重要的是認真實施各類標準，並在實施中不斷完善企業標準體系，從而不斷提高企業標準化體系的水準。

實施標準，首先要靠具有標準化意識的員工隊伍，尤其是企業各類技術人員和各級管理人員，企業職工應有「以法管企，按標辦事」的良好素質和作風。

同時，配置標準實施所需的各類設備計量儀器也是很重要的。設備和儀器落後或短缺，不可能實施先進的產品標準、科學的技術標準及現代化的管理標準。

要實施標準，就要抓好標準實施的考核，並和企業經濟責任制緊緊掛起鉤來，也可以通過企業標準化水準的確認來不斷提高企業標準化體系的水準。

依據企業工作崗位的對象和特性，可以把企業工作標準化分爲下列三類：

1.作業(動作)標準化

對操作崗位和工人來說，作業(動作)標準化是其工作標準化的主要內容；它可以是依據操作規程的制定和實施過程，也可以是針對某一作業過程，尤其是關鍵作業過程的作業指導書的制定和實施過程。

如在機械工業企業中，前者爲：

(1)車工操作標準化；

(2)鑄工操作標準化；

⑶鍛工操作標準化；

⑷銑工操作標準化；

⑸磨工操作標準化；

⑹電焊工操作標準化等。

後者爲：

⑴齒輪箱造型作業指導書；

⑵汽車發動機車工切削加工作業指導書；

⑶曲軸鑄造作業指導書；

⑷鍋爐電焊作業指導書等。

2.業務工作標準化

對企業各類管理崗位的人員來說，工作標準化主要是對其主要的重覆發生的業務工作實行標準化。如：

⑴產品銷售業務工作標準化；

⑵產品設計/開發工作標準化；

⑶設備管理業務工作標準化；

⑷財務工作標準化等。

儘管業務工作標準化並不能，也不應描述企業各類管理人員的全部工作，但可以確保其大量重覆出現的業務管理工作流程化、規範化，從而防止差錯，提高工作效率。

3.服務行為標準化

對企業直接爲內外顧客提供服務的崗位和人員來說，服務行爲標準化則是一個十分重要的事情。它不僅反映了一個企業文明生產經營的狀況和水準，而且體現了繼產(成)品質量競爭後的第二次質量競爭。(對服務性企業來說則是第一次質量競爭)同時，也可以借此提高服務效率。

一般來說，服務行爲標準化按服務崗位開展。如：

⑴營銷人員服務標準化；

⑵保安人員服務標準化；

⑶客房服務標準化；

⑷導遊服務標準化等。

但是，可以針對一些關鍵服務提供過程，開展以制定和實施服務過程作業指導書的服務標準化活動。如在酒店中，可以開展：

⑴整床服務作業標準化；

⑵客房衛生作業標準化；

⑶餐廳桌布換鋪作業標準化；

⑷傳真服務標準化等。

此外，依據「共性標準化在上層」和簡化某標準化方法，還可以針對企業員工共有的工作行爲，開展一些企業員工通用工作標準化活動，如制定和實施員工守則；管理人員通用工作標準；操作工人通用準則等。

心得欄

第四章

推動公司標準化的部門職責工作

一、標準委員會的設立

公司標準化工作往往牽涉到全公司內的每一個單位，故需有一個橫的組織來協調各單位的意見。在比較小的公司，由品質管制委員會來負責即可，在比較大的公司則常另行成立標準委員會或標準化推進委員會。委員會的任務常含：標準化計劃的檢討；規格起草人之遴選；規格之審議；標準化推行方法。

二、建立公司標準化的必備條件

要使標準化發揮效果，則公司必須具備下列條件：

1. 經營者需對廠內標準給以權威

有經營者的充分尊重與支持，廠內標準方能發揮效用，否則將無人遵守。

2.內容需適當

具有能達成目標的妥當內容，例如作業標準，細節的地方也需要加以檢討，使現場的操作人員樂於遵守才可。

3.適切合用

操作者在適當的操作條件與環境下，適當的努力能做得到才可以。

4.應考慮永續性問題

廠內標準雖然在必要時，可予修正，但仍需考慮保有相當程度的永續性，詳加檢討後再訂出，不可有朝令夕改，反覆無常的情形。

5.要用文字寫出

用文字記載，可以隨時參考，遇有員工離職的時候，對替代的人能很快予以教育訓練。標準不可只記憶在腦子裏。

6.要互相關連

各種標準相互之間要有機地連在一起，不可有矛盾的地方。例如：成品規格與成品檢驗標準，作業標準與中間檢驗標準等應密切配合。

7.需加編號

各種標準需加編號，以便管理及對照。

8.注意時效

技術與管理日新月異，各種標準必需訂期或隨時加以研討修改，使實際工作與標準一致。

9.宜使用統一格式的活頁紙張

統一格式的標準易於整理、管理。使用活頁紙張，則有所修改時，可以隨時抽出。

三、如何擬訂公司標準的方法

公司標準的擬訂方法有下列數種可以使用，視公司的現況、人員的情形而選擇適當的應用。

1.現狀描繪法

把目前的手續或作業方法整理成標準的方法，這種方法最容易與最簡便，很多公司樂於使用。但它也有缺點，因目前的手續或方法都是承過去的慣例而來，可能有很多錯誤與不合理的地方，因而不能收到標準化的實際利益，反而成爲形式。故在草擬標準的初期使用這種方法，然後利用改善提案及品管圈活動，把不合理或錯誤的地方找出來加以修改，或配合理論的方法修改。

2.重點訂定法

開始推行標準化的初期，看到有那麼多標準要寫，望而生畏，標準遲遲無法擬出，終歸失敗的例子很多。要防止這種問題可採用重點訂定法，從大問題或有大貢獻的地方開始逐次擴展到全盤。何處是重點，可根據下列幾點決定之：

(1)一再發生問題的地方

把一再發生抱怨、不良、交貨遲延、高成本的地方用重點分析圖把它分離出來，然後用特性要因圖分析其成因，把重要因素找出來，研究其最佳點，加以標準化。此時標準化的效果最能發揮且可防止同樣問題的再度發生，因爲這些是過去失敗得來的寶貴教訓。

(2)需要應用統計方法的地方

利用管制圖以管制制程使其安定，或利用抽樣方法進行抽樣檢驗時，需要將各作業條件標準化，使制程在管制狀態下，產品特性形成一定的分配狀態，才能有效地利用統計方法。

⑶變異大的地方

不良率高及產品品質特性變化很厲害的地方，利用標準化可減少其變異，此種地方應選爲重點。

⑷需要訓練新人的地方

以新人接替熟練工人時，爲了迅速訓練新人，應將熟練工人的方法做成標準以訓練新人。如此亦可儲存技術以免隨人員流動而流失。

⑸制程變更時

生產設備、方法或原料變換時，立即訂定標準可使新制程迅速進入軌道。

3.理論實施法

訂定技術標準時，搜集各種文獻並利用實驗計劃來尋找最佳的條件，根據理論來制訂，這是最理想的方法，不需要有相當統計訓練的技術人才。如果沒有實驗工廠的話，需要製造、工務與品管部門的密切合作。

四、推行公司標準化的步驟

1.獲得經營者的支持

進行公司標準化時，首先需獲得經營者的理解與熱心支援，因爲公司標準化是企業內部全盤性的活動，如無經營者的方針與指示，僅由中層課長推動，很難使各部門的思想統一，不易協調不同的意見，就難望有好的效果，故經營者應以身作則，熱心支援才可以。

要提高經營者對標準化的認識，可聘請外界專家給與刺激的談話，或請他們參加高階層經營研討會，或參觀標準化良好的工廠，領悟標準化的重要性，自發地帶頭推動。

2.建立標準化的組織

要標準化長期有恆地推行，必須有組織負責計劃、協調、跟催等工作。由於標準化工作是品質管制活動的重要部分，可由 TQC 委員會來負責計劃的審查，指定草擬單位及最後的審查，由 TQC 小組委員來協調各單位的意見，及負責標準草稿的初審。而由品管課等來負責標準化的事務工作，草擬標準化計劃及擬草稿的跟催工作。

3.訂出公司標準的制定與改廢手續

在推行標準化之初，就需把公司標準的制定與改廢手續訂定出來，使工作能順序推行。有很多工廠把它包括在公司標準的管理規程內。一般而言，標準的制訂與改廢雖需慎重，但不可過分繁瑣，以免妨礙技術的進步與使管理失去彈性。（如表 4-1）

4.撰訂標準化計劃

由品管課擬出要擬定或修改的目標，然後依此目標，有計劃的進行下去。擬定計劃需根據自己公司的程度與需要的範圍而訂。內容包括標準名稱，有關單位、草稿擬稿人、完成日期等。（如表 4-2）

表中的第二欄「標準細目」是將同一項標準裏所需者一一列出，例如材料規格一項下，應依不同材料一一列出。

爲了順利推行，可以計劃分期實施，方不致分散力量。

表 4-1 公司標準制訂與改廢程序

	裁決者	A 部門	B 部門	標準化部門	C 部門	D 部門	外部
提　　案		○					
必要性的調查				○			
計劃案之作成				○			
計劃案之決定	○						
搜集資料				○			
作成草案		○		○			
草案之調查審議	○	○	○		○	○	
作成最終案				○			
標準之承認	○	○	○		○	○	
作成標準原本				○			
標準之決定	○						
實施日期之決定	○						
標準原本之複製				○			
分發標準書類				○			

表 4-2 標準化計劃表

標準名稱	標準細目	有關單位	擬稿人	協助者	完稿日期

5. 標準書類的調查

一個工廠如已經營幾年，過去雖未全面推行標準化，一定也會有一些零星的標準或規則存在，因此在擬訂了標準化計劃的同時應進行一次調查，把舊有標準清理出來，這對新標準的擬訂有很大的幫助。標準書類調查表範例如表 4-3。

表 4-3　標準書類調查表（範例）

各項規格或標準名稱	內容摘要說明	格式（打字、筆記、普通紙張繕寫）	作成年月日、頁數	中文、英文、日文	有無提出樣本
今後必要的標準書					

備註：①以上所記各項標準，與公司品質保證活動有關。
②盡可能附上各項標準之副本，以作爲參考之樣本。
③寫時有不明白之處，向品管課詢問。

6. 決定標準的格式與寫法

爲要統一，便於整理、管理、應用，標準用紙格式與寫法應事先加以確定。

7. 整理過去資料並搜集有關資料

擬稿時先要整理過去的資料，不可專憑想像。例如撰寫成品規格時，種類可能很多，故先要統計產品共有多少種類。再調查看看那一種東西出貨多，然後再找出那些是標準製品，那些是特殊品。我們需先訂出標準品的規格，決定某種產品的尺寸以及公差時，要先將過去的資料做成直方圖，看看其型狀是否呈正常型狀，計算其平均值是多少，標準差是多少，然後決定製品的尺寸與公差。

決定檢查規格時要把過去購入品的不良率及各項不良種類之比例加以分析，用檢核表歸納起來，然後再決定使用何種檢查方法。

必要時還須搜集其他有關資料，如文獻、雜誌、專著等，作爲擬訂標準的參考。什麼資料都沒有，而草擬標準是件令人擔心的事情。

8.工程解析

訂定作業標準時，要對製造工程中各操作條件徹底瞭解，然後將影響因素找出，予以控制。所以先要對工程各步驟詳加研討，找出最佳的操作條件，方可達到目的。當然，根據以往操作實績來訂定作業標準，也可以使工程安定。然而真正的作業標準必需建立在充分的工程解析上。

9.與國家或社團標準比較

擬訂廠內標準時，除了要注意市場需要、製造能力、製造費用等問題外，還要參照一下有關的國家或社團標準，例如 JIS(日本工業標準)、BS(英國國家標準)、Federal Specification(美國聯邦標準)、NEMA(美國電機製造協會標準)、UL(美國保險人實驗室標準)等等有關標準。一面可以避免與其抵觸，或參照來寫可節省時間。

10.作成暫定標準試行一段時間

將標準草案試行一段時間觀察其結果，譬如檢驗標準，需先試行依此標準能否保證品質，有無新的抱怨發生，以及今後檢查人員能否繼續使用這種方法等，詳加檢討。

11.**作成正式標準**

標準經試行、檢討定案後，應加編號再由裁決者頒佈實施，列入管理，正式成爲公司標準，此後修改需按規定申請。

五、標準委員會組織章程範例

表 4-4　標準委員會組織章程範例

<table>
<tr><td rowspan="2">標準委員會組織章程</td><td>制定　　年　月　日</td></tr>
<tr><td>修正　　年　月　日</td></tr>
<tr><td colspan="2">1.適用範圍：
此章程適用於標準委員會之任務，組織及作業。
2.任務：
(1)有關廠內標準化計劃事項。
(2)有關廠內標準原案制定之有關事項。
(3)有關廠內標準審議事項。
(4)有關廠內標準實施事項。
(5)有關廠內標準宣揚教育事項。
3.組織：
委員會由下列人員組成：
主任委員　總經理
委　　員　總務課長、營業課長、製造課長、技術課長、品管課長。
幹　　事　標準股長。</td></tr>
</table>

4.特別任務規定：

主任委員負責委員會的召集並主持會議。

幹事負責委員會籌備、記錄及日常之事務工作。

5.委員會之作業：

(1)委員會以主任委員名義召集，先將議題及日期通知各委員。

(2)委員會每月定期開會一次，但必要時得召開臨時會議。

(3)委員會須 2/3 以上的委員出席方可開會。

(4)制定及取捨有關提案。該項提案由提出單位擬妥草案提給委員會討論。

(5)決議須獲出席委員半數以上贊成。

(6)會議記錄按規定樣式由幹事做成，送出席委員承認。

六、標準課的設立

除了標準委員會外，必須有一個單位來負責標準化的事務性工作。在較大的企業，常設置標準課來負責，在較小的企業，則在品管部門下設置標準股，或直接由品管課負責。標準課長一般擔任標準委員會的幹事，擔任下述工作：

(1)標準草案的受理。

(2)標準草案內容及樣式的檢討。

(3)審議資料的整理。

(4)會議記錄的編寫。

(5)各項議案的整理與保管。

(6)標準的印刷與分發。

(7)現行標準的檢討。

(8)現行標準目錄的編制。

⑼標準分發單位登記。

⑽標準使用狀況的調查。

⑾標準化的宣揚。

七、企業標準課部門的人員職責

企業標準化機構的人員職責：

⑴確定並落實標準化法規、規章以及強制性標準中與本企業相關的要求。

⑵組織制定並落實企業標準化工作任務和指標，編制企業標準化規劃、計劃。

⑶建立和實施企業標準體系，編制企業標準體系表。

⑷組織制定、修訂企業標準。認真做好企業產品標準的備案工作。

⑸對新產品、改進產品、技術改造和技術引進，提出標準化要求，負責標準化審查。

⑹對企業實施標準情況進行監督檢查，組織企業標準復審。

⑺組織制定企業標準化管理標準或管理制度。

⑻組織標準化培訓。

⑼統一歸口管理各類標準，建立標準檔案，搜集國內外標準化資訊，並及時提供給使用部門。

⑽承擔或參加國家、行業和地方委託的有關標準的制定和審定工作，參加各類標準化活動。

八、標準化部門的職責

企業標準化工作並不只是企業標準化人員的工作，而是整個企業管理中的基礎工作。不論企業規模大小，均應設置相應的標準化組織機構。

一般來說，大中型企業應有主要領導人掛帥的標準化委員會或標準化與品質管制委員會等決策領導機構，下設標準化辦公室或標準處(科)，或明確一個綜合管理部門作爲標準化工作機構。各職能科室及基層生產部門還應有標準化領導小組或專(兼)職標準化員，從而組成一個企業標準化管理組織。見圖 4-1 和圖 4-2。

圖 4-1 企業標準化管理組織網路圖

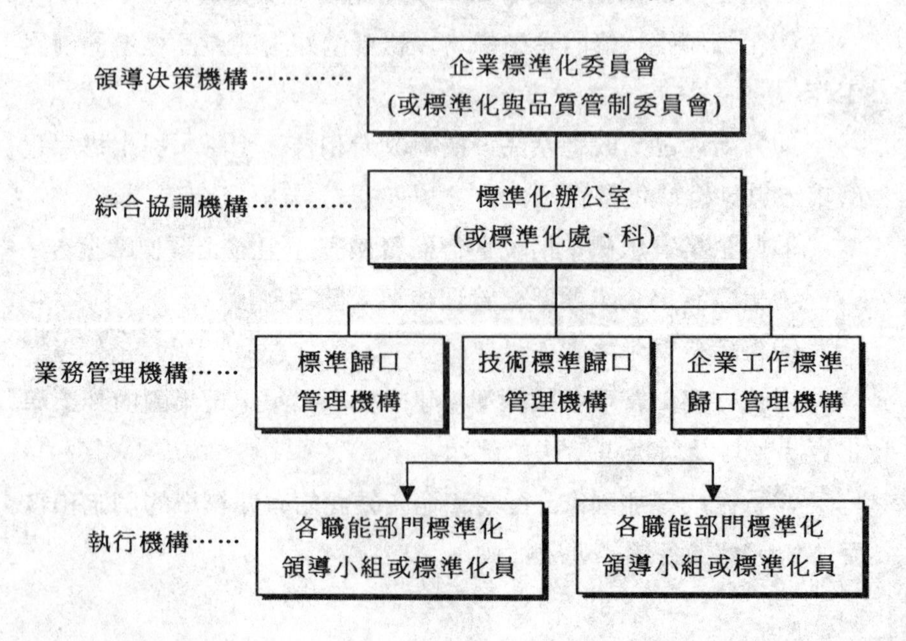

然後，企業應明確規定各級標準化機構的職責、許可權和工作任務，使其依法有效工作。

圖 4-2　標準化管理網路示意圖

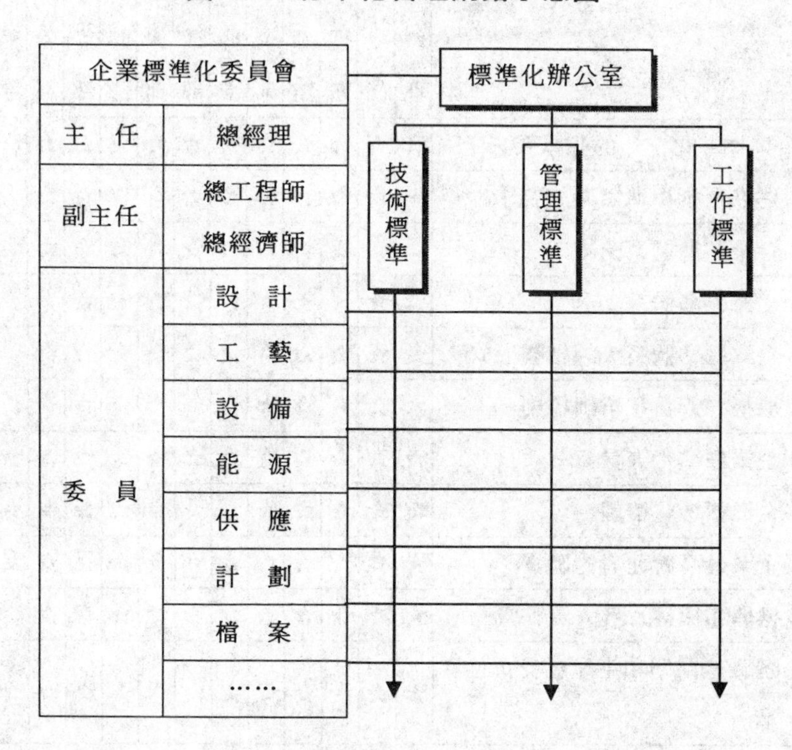

表 4-5 公司標準化體系的職能分配表

工作項目	部門職能分配												
	總經理	管代	總經辦	總師辦	人資部	技術部	行政部	營銷部	採購部	生產部	品管部	設備部	財務部
4.企業標準化工作的基本要求	★	☆	☆	☆	☆	☆	☆	☆	☆	☆	☆	☆	☆
5.1 建立企業標準體系總要求	★	☆	☆	☆	☆	☆	☆	☆	☆	☆	☆	☆	☆
5.2 企業標準體系的組成	☆	☆	☆	☆	☆	☆	☆	☆	☆	☆	☆	☆	☆
5.3 企業標準體系表	☆	★	★	★	★	☆	☆	☆	☆	☆	☆	☆	☆
5.4 企業標準體系表的結構形式	☆	★	☆	☆	☆	☆	☆	☆	☆	☆	☆	☆	☆
6.1 機構、人員和培訓總則	☆	☆	★	☆	★	☆	☆	☆	☆	☆	☆	☆	☆
6.2 企業標準化人員	★	☆	☆	☆	☆	☆	☆	☆	☆	☆	☆	☆	☆
6.3 企業標準化培訓	☆	☆	★	☆	★	☆	☆	☆	☆	☆	☆	☆	☆
7.1 企業最高管理者的職責	★	☆	☆	☆	☆	☆	☆	☆	☆	☆	☆	☆	☆
7.2 標準和機構及其人員職責	★	☆	☆	☆	☆	☆	☆	☆	☆	☆	☆	☆	☆
7.3 各職能部門和生產經營單位職責	★	☆	☆	☆	☆	☆	☆	☆	☆	☆	☆	☆	☆
8.1 企業標準化管理標準(或管理制度)	★	★	★	☆	☆	☆	☆	☆	☆	☆	☆	☆	☆
8.2 企業標準化工作的規劃和計劃	☆	★	★	☆	☆	☆	☆	☆	☆	☆	☆	☆	☆
9.1 標準化信息範圍	☆	☆	★	★	☆	☆	☆	☆	☆	☆	☆	☆	☆
9.2 企業標準化信息管理的基本要求	☆	☆	★	★	☆	☆	☆	☆	☆	☆	☆	☆	☆

續表

10.1 企業標準制定範圍	☆	★	☆	☆	★	☆	☆	☆	☆	☆	☆	☆	☆
10.2 企業標準制定、修訂原則	☆	★	☆	☆	☆	☆	☆	☆	☆	☆	☆	☆	☆
10.3 制定企業標準的一般程序	☆	★	☆	☆	☆	☆	☆	☆	☆	☆	☆	☆	☆
10.4 企業產品標準備案	☆	★	☆	☆	☆	☆	☆	☆	☆	☆	☆	☆	☆
10.5 企業標準的復審	★	★	☆	☆	☆	☆	☆	☆	☆	☆	☆	☆	☆
11.1 標準實施的基本原則	★	☆	☆	☆	☆	☆	☆	☆	☆	☆	☆	☆	☆
11.2 實施標準的程序	☆	★	☆	☆	☆	☆	☆	☆	☆	☆	☆	☆	☆
12.1 標準實施的監督檢查總則	★	☆	☆	☆	☆	☆	☆	☆	☆	☆	☆	☆	☆
12.2 監督檢查內容	☆	★	☆	☆	☆	☆	☆	☆	☆	☆	☆	☆	☆
12.3 監督檢查的方式	☆	★	☆	☆	☆	☆	☆	☆	☆	☆	☆	☆	☆
12.4 監督檢查結果的處理	☆	★	☆	☆	☆	☆	☆	☆	☆	☆	☆	☆	☆
12.5 企業標準體系的評價與改進	★	★	☆	☆	☆	☆	☆	☆	☆	☆	☆	☆	☆
13.1 採用國際標準的原則	★	☆	☆	☆	☆	☆	☆	☆	☆	☆	☆	☆	☆
13.2 制定標準	★	★	★	★	★	★	★	★	★	★	★	★	★
13.3 標準的實施	★	★	★	★	★	★	★	★	★	★	★	★	★
13.4 檢查、驗收	★	★	☆	☆	☆	☆	☆	☆	☆	☆	☆	☆	☆

註：★主管部門　　☆配合部門

例 4-1：企業創建標準化計劃書

××股份有限公司創建標準化良好行為企業計劃書					
序號	項目	工作內容	進度要求	責任部門/人	協助部門
1	明確組織機構及職責	發文成立標準化機構，並明確標準化歸口管理部門和各部門專、兼職標準化人員及其職責	月 日	總經理	總經辦
2	體系標準宣貫	組織有關人員學習《企業標準體系》系列標準，明確工作要求	月 日	人力資源部	相關部門
3	制定方針、目標	制定標準化工作方針、目標和規劃計劃(包括制定、修訂標準、採標、科研、實施標準、培訓、監督檢查六個方面)，編制《標準化手冊》並以文件形式下發	月 日	總經辦	相關部門
4	編制標準體系表及配套文件	按《企業標準體系 》標準的要求，各部門整理所涉及的標準、規範、制度等，提供給各歸口職能部門，編制完善標準體系表，包括技術、管理和工作標準在內體系表結構圖、明細表、匯總表和編制說明，並用文件形式公佈正式運行時間	月 日	總經辦 總師辦 人力資源部	相關部門

續表

5	制定、修訂及收集標準	按標準體系表進行標準清理，集中制定、修訂一批標準，收集有關標準	月 日	總經辦 總師辦 人力資源部	相關部門
6	標準體系文件發放	按《文件控制程序》，將標準體系文件及相關標準發放給各部門，並做好舊標準的回收工作，防止標準非預期使用	月 日	總經辦	相關部門
7	標準體系試運行	體現體系的符合性、有效性，檢驗體系文件的適宜性；對標準實施情況進行檢查，並保存記錄；對標準體系表進行修訂、改進；對體系標準在運行過程中出現的不完善的地方，如接口不暢、形不成閉環等進行完善和補充	月 日	總經辦	相關部門
8	自我評價	成立標準體系自我評價小組，明確評價分工；準備評價所需文件，編制評價方案和檢查表，召開評價工作安排會議，實施現場評價，召開評價總結會，通報評價結果；編制自我評價報告和不合格報告，提出改進建議	月 日	評價小組、標準化小組	相關部門

續表

9	處置或改進	評價結果處置及落實糾正措施，並跟蹤驗證糾正措施情況，修訂標準體系及相關標準	月 日	評價小組、標準化小組	
10	確認申報	填報確認申請表，上報材料包括標準體系表、標準化手冊、主要產品品質水準證明材料（或有效期內的監督抽查報告）、標準化管理機構及人員分工材料、自我評價報告和不合格報告 正式提出確認申請	月 日	總經辦	
11	確認準備	編寫標準化工作總結報告和自我評價報告，確認前再動員，迎接確認審核	月 日	總經辦	
12	正式確認	聯繫落實有關社會確認機構進行正式審核確認	月 日	總經辦	
13	獲取證書	在規定時間內關閉不符合報告，獲取證書	月 日	總經辦	

九、企業各部門的職責

企業各職能部門在推動標準化工作方面的職責主要是：

⑴負責起草本部門歸口管理的企業管理標準、技術標準和工作標準；

⑵組織本部門相關的各類標準實施，並做好相應的記錄；

⑶依據相關標準；對標準的實施情況進行檢查與考核。

企業各部門在標準化工作方面的職責主要是：

⑴組織本單位相關崗位工作/作業標準的執行；

⑵負責實施各類有關標準，對標準的實施進行檢查與考核；

⑶認真開展標準化教育，提高員工標準化意識。

十、標準化培訓工作

標準化培訓就是要認真進行標準法制教育、標準化技術業務知識教育和以崗位工作（作業）標準爲核心內容的繼續教育，做到始於教育，終於教育。

（一）ISO 認證對企業標準化培訓的要求

對企業人員的標準化業務培訓教育，簡介如下：

1.方法

通過多種培訓方法，培訓企業的各類專兼職標準化工程師。

一般而言，大型企業應設標準化歸口部門，配置專職標準化管理與工作人員。

較小的企業至少應有一個標準化工程師，大多數企業沒有專職標準化工程師，而是把標準化職能與其他職能組合起來。例如讓企業綜合部門管理人員承擔標準化工程師工作。

2.培訓大綱

企業專兼職標準化工程師的培訓大綱如表 4-6 所示：

表 4-6 企業標準化工程師培訓大綱

階 段	崗位培訓	業務培訓	專題培訓
第一階段（一週）		1.標準化工程師職責；2.外部業務關理係。	1.標準化原理；2.企業標準編制；3.國家標準化。
第二階段（1～2 年）	設計、採購、生產、QC、人事、財務、安全、設備、標準資料等方面崗位		1.標準資訊；2.企業標準化；3.基礎標準；4.標準與質量保證；5.標準化經濟效果等。
第三階段	高級培訓		

3.**初始培訓**

即第一階段的培訓。即在工作初期，瞭解標準化工程師的職能、標準化原理、企業標準以及與國家標準的聯繫等。

4.**職能培訓**

即第二階段的崗位培訓，要求通過 1 年至 2 年的培訓，使各有關職能部門的人員熟悉企業所有產品，生產經營過程中的標準化工作，如設計人員應通過培訓掌握：

⑴國家和國際材料標準；

⑵零件、外購件標準；

⑶編碼方法標準；

⑷製圖標準；

⑸設計標準；

⑹技術製圖的流程及修改、更改流程標準等。

5.專題培訓

主要是就下列專題進行針對性的培訓：

⑴國家標準機構；

⑵國際或地區標準化；

⑶企業標準；

⑷單位，符號，技術製圖等基礎標準；

⑸標準化和質量保證；

⑹計量原理；

⑺編碼和分類方法；

⑻標準化經濟效果等。

6.高級培訓

主要是讓標準化工程師至少每年參加一次外部培訓。參加國家標準化的或團體的標準化學術研討會或交流會，以提高企業標準化人員的業務技術水準。

(二)企業對標準化的基本培訓要求

1.各級管理者應熟悉有關標準化的法律、法規、方針和政策；

2.瞭解標準化的基本知識，熟悉並掌握管轄範圍內的各類標準，能貫徹和運用；

3.專兼職標準化人員應達到：

⑴企業標準化管理人員應具備與所從事標準化工作相適應的專業知識、標準化知識和工作技能，經過培訓取得標準化管理的上崗資格；

⑵熟悉並能執行有關標準化法律、法規、方針和政策；

⑶熟悉本企業生產、技術、經營及管理現狀，具備了一定的

企業管理知識；

⑷具備一定的組織協調能力、電腦應用及文字表達能力。

4.各類人員能熟練運用與本職工作有關的技術標準、管理標準和工作標準。

(三)企業標準化人才的培訓方法

無論是標準化專業人才的學歷教育，還是標準化人員的職業教育；其培訓和教育方法主要是採取理論聯繫實際，實踐豐富理論的雙向教學方法。企業標準化專業人才的培訓和教育更應強調理論聯繫實踐。具體地說應做到以下五點：

⑴課堂講授，應堅持少而精，抓住重點，大力提倡案例教學。

⑵討論交流，應按學員實際情況組織或專題小組討論，互相交流，理論聯繫實際，以加深對標準化學科的理解。

⑶要有參觀、調研和實習，以開闊眼界，吸取企業標準化管理方面先進經驗，並訓練一定的實際工作能力。

⑷增加一些專題講座，以豐富和擴展知識面。

⑸密切聯繫企業產品和生產技術。

(四)企業標準化人才的培訓種類

企業標準化工作的骨幹是企業標準化工程師，其培訓和教育的內容早在 ISO 發展手冊之三中就有確切的規定。現依據該 ISO 手冊中《大綱》及要求簡述如下：

1.**上崗培訓**

新上崗的企業標準化工程師應在原企業標準化工程師或企業高級領導的指導下進行上崗培訓，時間約一週。培訓的主要內容爲：

⑴企業標準化工程師的職責和任務。

⑵與國家、行業和地方標準化部門或相關企業標準化部門的聯繫方式和方法，必要時還應瞭解與國際或區域標準化組織之間的聯繫方式。

⑶標準化原理。

⑷標準化方針、政策、法規和規章等。

2.專業培訓

依據企業標準化工程師的工作領域分工，已接受標準化上崗培訓的企業標準化的工程師，應緊接著進行爲期 1 年至 2 年的標準化專業培訓。如設計、採購、生產、QC、安全、工程維修、人力資源等專業標準化培訓教育，以及標準資料方面的標準化專業培訓。在這段時期內，還應接受國家標準化、公司標準化、基礎標準、標準化與質量保證、標準化經濟效果及相關的計量方面的專題培訓。這樣才能成爲一個合格的企業標準化專業人才。

3.提高培訓

又稱爲高級培訓，就是說其參加國家、行業或地區標準化學術交流活動。(每年至少一次)或參觀、考察活動，以不斷適應企業標準化工作的發展。

第五章

標準體系表的設計原則

任何一個企業，都客觀地存在著一個企業標準體系，它既是企業標準化體系的基礎和前提，也是企業科學管理和生產經營的依據和基礎。

一、企業標準體系表的意義

企業標準體系內的標準按一定形式排列起來的圖表，就是企業標準體系表，從上述定義我們可以知道：

1.企業標準體系表的對象是企業標準體系內的標準

企業標準體系是該企業存在的標準。它們包括：

⑴企業實施的國家標準、行業標準和地方標準；

⑵企業自行制定和實施的企業標準。

必要時，還可包括企業引入和實施的國外先進標準。如歐洲標準、美、德等經濟發達國家的國家標準，或企業產品輸入國國家標準、先進的協會(團體)標準(如 ASTM 標準)等。

這些標準主要是指企業現有的各類標準，但是爲了體現企業標準體系的科學性，能夠有效地指導企業標準化工作，還必須包括企業的下列幾類標準：

⑴企業應該實施，但尙未收集/採用的標準；

⑵企業近三年生產經營規劃確定，應該制定和實施的標準。如近期將設計和開發的新產品標準等。

總之，凡是企業內現有的和未來三年內應有的標準，都是企業標準體系表中的標準。

2.企業標準體系表的標準單元要科學、合理、表述其內在聯繫的標準類別

企業標準體系表的標準不是雜亂無序的標準排列，而是要進行科學合理的分類，各類標準之間有內在聯繫和合理介面。

標準類別的大小多少應該根據企業的性質、規模，企業標準化工作的廣度和深度，企業員工的素質等因素決定，絕不能由企業外的某一部門/機構統一規定。

但是，無論怎樣分類，都應清晰地表述各類標準之間的下列內在聯繫：

⑴**各類標準的隸屬系統聯繫**

無論是大類標準，中類標準，小類標準都具有系統的特性及其標準體系與其基本子體系之間的隸屬關係，見圖 5-1。

爲了實現上述聯繫、功能和作用相同的標準應歸屬爲一類。

圖 5-1 企業標準體系的基本子體系結構

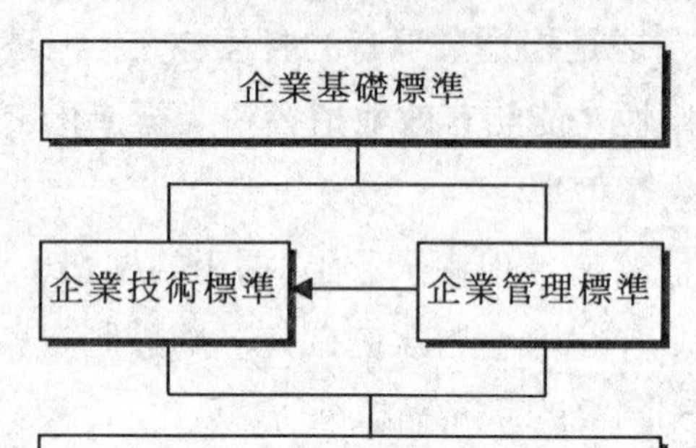

⑵各類標準之間的聯繫協調統一、銜接配套

無論是那類標準，都應與其相關的標準類別協調統一、銜接配套，而不是抵觸或交叉。如產品標準、材料標準、半成品標準要有相應的檢驗方法標準配套，並與對應的計量檢測器具檢定規程/校準規範協調統一。設備完好技術標準要有設備管理標準來確保實現等。

⑶共性/通用標準指導個性/專用標準的制約聯繫

爲了使企業標準體系表內的標準優化和簡化，必須讓其中的共性標準指導個性標準，專用標準受通用標準的制約。如：企業各類標準必須按企業標準化工作導則的規定制定，各崗位的員工工作標準必須實施相應的通用工作標準。這樣既可清晰地表述相關標準的上下聯繫，又可免除相關標準內容的重覆。

3.企業標準體系表應採用一定形式的圖表

⑴企業標準體系結構圖

第一種是層次結構圖(參見圖 5-2)。

第二種是職能結構圖(參見圖 5-3)。

圖 5-2　層次結構圖

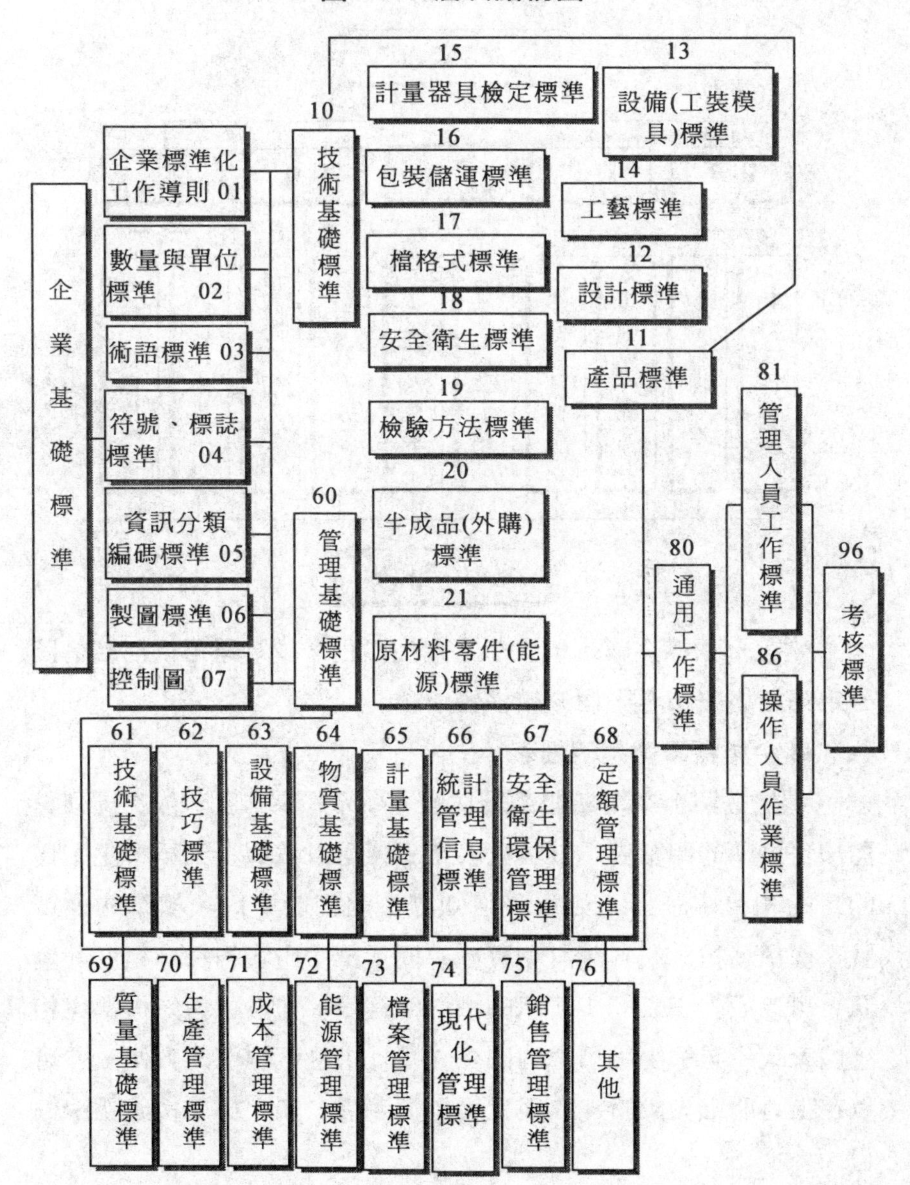

企業基礎標準
企業標準化工作導則 01
數量與單位標準 02
術語標準 03
符號、標誌標準 04
資訊分類編碼標準 05
製圖標準 06
控制圖 07
10
技術基礎標準
15
計量器具檢定標準
16
包裝儲運標準
17
檔格式標準
18
安全衛生標準
19
檢驗方法標準
20
半成品(外購)標準
21
原材料零件(能源)標準
13
設備(工裝模具)標準
14
工藝標準
12
設計標準
11
產品標準
60
管理基礎標準
61
技術基礎標準
62
技巧標準
63
設備基礎標準
64
物質基礎標準
65
計量基礎標準
66
統計信息管理標準
67
安全衛生環保管理標準
68
定額管理標準
69
質量基礎標準
70
生產管理標準
71
成本管理標準
72
能源管理標準
73
檔案管理標準
74
現代化管理標準
75
銷售管理標準
76
其他
80
通用工作標準
81
管理人員工作標準
86
操作人員作業標準
96
考核標準

圖 5-3　企業標準體系職能結構(部分)

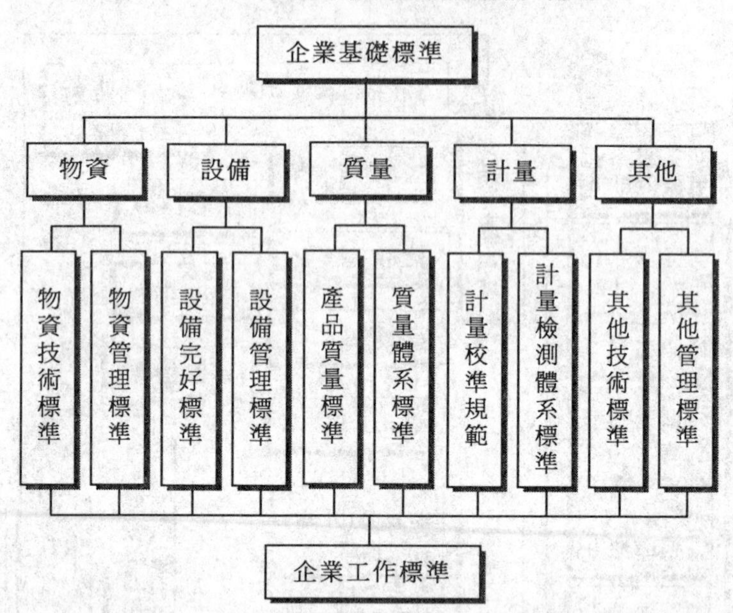

當然，依據企業規模大小，產品類別多少，還可以把結構圖分爲總結構圖和若干個分結構圖。

⑵**企業標準體系明細表**

這是按照企業標準體系結構圖上所示標準類別，依次排列具體項目標準的明細表。其具體表格式樣可以按照企業標準化工作的目的和要求設計。如爲了獲知標準明細表中每項標準的標準號、標準名稱、制(修)訂和實施時間、標準內容的採標程度等資訊，可以設計如表 5-1 所示的標準明細表。如爲了獲知標準與相應國家或產業等上級標準的關係；及提供檢索標準的方便，還可以在上述明細表中增加「與上級標準關係」和「標準檢索號」欄目。

表 5-1　電力建設公司標準明細表

序號	標準名稱	電子文件資料	體系號
1	標準化工作導則　公司標準體系表		
2	標準化工作導則　總則		
3	標準化工作導則　公司標準化工作機構及其職責		
4	標準化工作導則　企業標準分類與編號規定		
5	標準化工作導則　企業標準的(修)訂計劃與流程		
6	標準化工作導則　技術標準的編寫規定		
7	標準化工作導則　管理標準印刷與發放規定		
8	標準化工作導則　企業標準印刷與發放規定		
9	標準化工作導則　設計文件和圖樣的標準化審查規定		
10	標準化工作導則　國家/行業技術標準文本管理		
11	標準化工作導則　企業標準編寫基本規定		
12	標準化工作導則　工藝導則(指南)編寫規定		
13	標準化工作導則　工藝編寫規定		
14	標準化工作導則　作業指導書編制規範		
15	標準化工作導則　檢定或校準規程編寫規則		
16	標準化工作導則　施工組織設計編制管理流程		
17	標準化工作導則　質量手冊編寫規定		
18	標準化工作導則　標準實施監督檢查管理規定		
19	標準化工作導則　採標管理規定		
20	標準化工作導則　專案標準化管理規定		

⑶企業標準體系匯總表

依據企業標準化工作的目的和要求可以設計不同格式的匯總表。如爲了統計匯總標準的各項類別和層級數量、現有和應有數、標準水準狀況等。可以設計不同匯總表。

如果圖表還不能完全，清晰地表述企業標準體系表，則可以在圖表中採用「註」等方式作相關的說明。

採用企業標準形式表述企業標準體系表，一般應作爲企業標準工作導則/規則，以突出企業標準體系表的總體藍圖作用。

總之，企業標準體系表應該是每個企業標準化科研的成果體現，也是企業標準化工作的總體藍圖。應該認真策劃，並逐年修訂完善。

二、企業標準體系表的編制要求

1.全面充分

全面充分地反映企業標準化領域內應該協調統一的標準化對象，各類標準齊全完整，不僅概括企業現有的全部相關標準，而且還包括企業今後三年內應制定和實施的標準。

2.層次恰當

依據標準的適用層級和範圍，恰當地排列在企業標準體系表不同的層次上，層次結構科學、合理，能正確揭示各類標準之間的內在聯繫。

3.分類準確

依據標準的屬性或用途正確分類，準確定位，做到一項標準控制一項活動過程，一個活動過程受一項標準監控。避免一個標準管理兩項以上活動過程或一個活動過程受兩項以上標準制約。

4.穩定受控

各項標準的對象應是穩定受控的、重覆發生的事項；不穩定或易變動的重覆性事項一般不制定標準。

5.簡明易懂

企業標準體系表的表述形式簡單明瞭，文字說明通俗易懂。不僅能使企業標準化人員掌握，而且可以讓企業使用標準的人員都能理解和執行。

6.適用有效

企業標準體系表不僅適用於企業的生產經營管理中的標準化工作，而且在實施後能產生明顯成效，並能對同行業其他企業標準化工作產生有效的指導作用。

三、編制體系表的程序步驟

(一)成立標準編制小組，明確分工職責

標準體系表的編制涉及的範圍廣，專業性強，是一項複雜、繁重又費時的工作，僅靠一兩個人和單一部門是完不成的。因此，企業要成立相應的標準化編寫小組，按照技術標準體系、管理標準體系和工作標準體系中歸口部門進行分工協作，同時要明確牽頭部門進行協調。如技術標準體系可由總師辦負責，管理標準可由辦公室負責，工作標準可由人力資源部負責。標準化辦公室可作爲企業標準體系編制的牽頭部門，統一協調在標準編制過程中的有關事項。在牽頭部門統一領導下，擬訂企業標準體系表編制進度計劃、明確分工，分頭聯繫有關部門的標準化編寫人員，開

展標準的清理、收集和分析工作。

(二)清理、收集、分析相關文件

1.清理、收集和相關文件

著手編制標準體系表前，應依靠各部門收集標準信息資料。對各部門在工作中貫徹執行的標準和規範性文件進行分類匯總。

2.分析現有標準和相關文件

對企業現有標準狀況進行清理和分析，分析、調查、清理工作必須依靠各部門共同完成。要分析在現有標準中那些是有效的、要保留的，那些不適應生產經營而需要修訂的，那些是無效的，應該作廢的。

企業現有標準目前主要存在於下列幾個方面：

(1)體系文件

如品質管理體系文件、環境管理體系文件和職業健康安全管理體系文件。這類文件大多數是現行有效的，因爲體系文件每年都要進行內審和外審，並有固定的複評時間。對這類標準要按照管理標準的要求，進行分類，納入企業標準明細表中去。

(2)作業性文件，也就是我們通常所說的三級文件

這類文件數量比較多，主要是用來支撐程序文件的。標準的類型包括技術標準、管理標準和工作標準，因按標準的不同性質納入標準明細表中。這類標準因爲也屬於體系文件的範疇，也有固定的複評時間，所有也是現行有效的。

(3)其他標準和企業規章制度

有些企業沒有建立相應的體系文件，但爲了規範企業的日常管理，也制定了大量的企業標準和規章制度。這類標準和規章制度通常沒有固定的格式，版本也比較多，有的標準多年未修訂，因此在收集這類標準時要進行分析，那些需要保留的，那些需要修改作廢的。

⑷**企業產品標準應上報**

企業產品標準應上報上級標準化主管部門備案，應檢查已備案的企業產品標準，是否在三年內復審的有效期內。

在調查分析的基礎上，各部門應提出已在實施的標準、準備補充制定或修訂的標準以及打算收集標準的清單，匯總報給企業標準化有關管理職能部門，這是編好標準體系表的關鍵的一步。

(三)編制標準體系表的文件

1.企業標準體系表文件

標準體系表並不是指一個表，而是由一組圖表和文件組成的一組文件。因此企業標準體系表最終應包括下列文件：

⑴**企業標準體系表結構圖**

①技術標準體系表結構圖；

②管理標準體系表結構圖；

③工作標準體系表結構圖。

⑵**標準明細表**

①技術標準明細表；

②管理標準明細表；

③工作標準明細表。

⑶**標準匯總表(或統計表)**

⑷**標準體系表編制說明**

2.體系表文件的編制

⑴在清理、收集和分析標準的基礎上，可以先分別由各標準化歸口管理部門編制出技術標準體系表、管理標準體系表和工作標準體系表的結構圖，把企業標準體系的框架搭起來，把所涉及的子體系和下屬的分子體系關係安排確定好。

⑵按結構圖子體系的體系代碼(即隸屬編號)順序，用明細表格式往每個子體系或分子體系裏依次填寫個性標準的有關信息。

⑶明細表編制完成後，再根據明細表的內容編制出標準匯總表(或統計表)。由標準化管理職能部門協調，形成統一的體系表。

⑷最後，按要求寫出標準體系表的編制說明。

(四)企業標準體系文件的發佈

將編制妥的企業標準體系文件在公司內部公佈，並注意後續的跟催工作。

四、企業標準體系表的編制規定辦法

1.範圍

本標準規定了企業標準體系表中的術語、體系結構圖、標準明細表、匯總表及其編制說明。本標準適用於××××公司。

2.引用文件

GB/T 20000.1-2002　標準化和相關活動的通用辭彙

GB/T 15497　企業標準體系　技術標準體系的構成和要求

GB/T 15498　企業標準體系　管理標準工作標準體系的構成和要求

3.術語

⑴**企業標準體系表**

企業標準體系中的標準，按其內在聯繫結構以一定形式排列起來的圖表。它一般包括企業標準體系結構圖、各類標準明細表、匯總表及有關文字編制說明。

⑵**企業標準體系結構圖**

企業標準體系中的標準，以類爲單位按其內在結構的表述方式繪製出的圖形。

⑶**其他術語按規定執行。**

4.**編制原則**

⑴**全面成套原則**

應充分反映企業標準化領域中應該協調統一的各類、各項標準，並符合企業發展規劃和計劃的客觀需要，標準齊全，配套完整。

⑵**層次恰當原則**

依據各項標準的適用範圍，恰當地將每項標準安排在不同的層次上，層次結構簡化合理，並能揭示企業實施的各類標準之間的內在聯繫。

⑶**劃分準確原則**

依據每項標準的特性或特點，科學地劃分其標準類別，同一項標準不能列入兩個以上的標準類別。

⑷**科學先進原則**

企業標準體系中的已有標準均應現行有效，並能有效地促進企業生產技術和管理水準提高，所有標準符合企業生產經營發展規劃，從而起到指導企業標準化工作的作用。

⑸簡便易懂原則

企業標準體系表的表述形式應簡便明瞭，表述內容應通俗易懂，便於企業職工理解和執行。

⑹實用有效原則

企業標準體系表應符合企業實際情況，具有本企業特點，同時行之有效，能獲取較明顯的標準化效益。

5.編制內容要求

⑴企業標準體系結構圖

企業標準體系結構圖應在系統工程理論指導下，從實用有效出發，以主導產品或服務質量標準爲中心，技術標準爲主體，做到科學、全面、簡潔、美觀。

⑵標準明細表

標準明細表應以企業標準體系表結構圖中排列的標準類別爲序，依次編制，欄目應充分反映標準號、標準名稱、標準水準及制定依據等資訊。

⑶標準匯總表

依據不同的標準化管理目的和需要，設計和編制不同內容和格式的標準匯總表。

⑷編制說明

企業標準體系表的編制說明應簡要明確，主要說明：

①企業生產經營內容與特點；

②企業所屬行業標準體系表狀況；

③企業標準體系表的基本結構介紹，標準水準分析及一些必要內容的解釋；

④企業標準體系表的編制及有關參考資料等。

第六章

企業標準的制定

一、企業技術標準的制定

技術標準是對標準化領域中需要協調統一的技術事項所制定的標準，是對企業標準化領域中需要協調統一技術事項所制定的標準。

一般來說，企業技術標準類別按照企業的行業屬性、產品類別、生產技術過程、設備/儀器各類等分類確定，除了產品標準外，主要還有：

⑴設計技術標準；

⑵技術標準；

⑶設備/完好標準；

⑷計量器具檢定規範/標準規範；

⑸檢測技術方法/化學分析方法標準；

⑹安全技術標準；

⑺環境質量與污染物排放技術標準；

⑻資訊技術標準等。

(一)化學分析方法標準的制定

以試驗、檢查、分析、抽樣、統計、計算、測定和作業等各種方法爲對象制定的標準稱爲方法標準，也是重要的技術標準。

其中化學分析方法標準是國內外普遍重視的方法標準，爲此ISO 78-2《化學標準編寫格式　第2部分：化學分析方法》專門規定了化學分析方法標準的編寫格式和文字表達方法。

在很多企業尤其是化工、冶金、建材等流程性材料生產企業，一般都採用國家或行業化學分析方法標準，但由於這些產品的品種繁多，原材料成分不一，新產品開發又快又多，並且受企業所有儀器的限制，往往需要制定企業化學分析方法標準，現依據GB/T 20001.4規定，簡述其制定及編寫方法。

1.企業化學分析方法標準中技術要素結構及編排順序

企業化學分析方法標準的技術要素部分一般按下列順序編寫：

⑴原理　⑵反應式

⑶試劑和材料　⑷儀器

⑸採樣(取樣)　⑹分析步驟

⑺結果計算　⑻精密度

⑼質量保證和控制　⑽試驗報告等

2.企業化學分析方法標準的編寫方法

企業化學分析方法標準制定時應認真執行，如：企業化學分析方法標準名稱應簡明而準確地表述：化學分析方法適用的產品，所測的成分或特性以及測定方法的性質，如：工業用輕烯烴、氮的測量，威克鮑爾德燃燒法。工業用液體、化學品，密度的測定(20℃)等。

對健康或環境有危險/危害時，應用黑體字寫在產品，試劑或材料名稱後，或在相關分析步驟開始說明(警告)。

現對企業化學分析方法標準中技術要素的編寫方法簡述如下：

⑴原理

化學分析原理是化學分析方法的理念依據，應該簡要敘述所用方法的實質性步驟及條件或方法的基本原理，列出必需的化學反應式等。要求寫得明確清楚，容易理解，如文字太長，也可寫入附錄。

⑵試劑和材料

試驗過程中所需的試劑或材料均應列入，並分別編號，這些試劑或材料應寫明基本特性，如濃度、密度等。含結晶水的試劑應在名稱後括弧內寫出分子式，必要時還應寫出貯存措施、配製要求及失效現象等。如用時現配，要貯存於塑膠瓶中，出現渾濁即不能使用等。

僅用於配製試劑時不用編號列入，只應在需要處直接寫出名稱，並在名稱後括弧內寫出濃度等。

當必須驗證試劑中不含某元素時，應寫出檢查方法。

具體編寫順序如下：

①以市售形態使用的產品(不含溶液)；

②溶液和懸浮液(不包括標準滴定溶液和標準溶液)標明規定的濃度；

③標準滴定溶液和標準溶液；

④指示劑；

⑤輔助材料，如乾燥劑等。

⑶儀器

一般的試驗儀器應寫出設備、儀器名稱及其主要特性、具體型號，其他儀器應寫出測量的性能指標。如原子吸收分光光度計要寫出最低靈敏度、曲線性、最低穩定性要求，特殊類型的儀器及其零件，還要用文字說明或繪示意圖說明。需要校驗裝配儀器設備的功能時，應在流程中敍述。

關鍵儀器的特殊要求應說明，尤其是這些要求是分析步驟中重要部分，或對化學分析方法的安全性、精密度和正確度有影響時，更應說明。

⑷採樣（取樣）

經製備可直接用於測定的樣品稱爲試樣。

採樣（取樣）一般應引用有關國家、行業標準，如沒有標準可引用，則應寫明採樣方案和步驟，並指出如何避免產品發生變化。一般情況下，試樣的製備，原則上應在產品標準中規定，方法標準中引用。如產品標準中無此規定，則在此寫出試樣的抽樣、製備流程，試樣的重量、體積或粒度等方面要求，以及試樣貯存容器和貯存條件要求。

⑸分析步驟

這部分內容應具體明確。例如化學試驗方法流程則要寫出試樣量，空白試驗、校正試驗、測定以及工作曲線的繪製等。有爆炸、著火或中毒危險時，還要寫安全預防措施。

⑹結果計算

這部分主要應寫出計算方法和計算公式，寫明每個量的計量單位，以及最後結果的表示方法，用數值表示應規定有效數值，用曲線圖表示應規定座標、曲線區間及參考的標準曲線等。

⑺精密度

這部分內容要寫明化學分析最終結果的精密度數據，如重覆性和再現性。應清楚地表明精密度用絕對值，還是相對值表示。

⑻質量保證和控制

應寫明質量保證和控制的流程，給出有關控制樣品，頻率和準則等內容，以及當過程受控時所採取的措施(可使用控制圖)。

⑼試驗報告

應寫明試驗報告的內容，至少應包括：

①試樣；

②使用的標準(出版或實施年份)；

③使用的方法；

④結果；

⑤與基本分析步驟的差異；

⑥觀察到的異常現象；

⑦試驗日期等。

企業其他的試驗方法、測定方法等方法標準的編寫可參照上述化學分析方法標準的編寫方法辦理。

(二)企業計量器具檢定規程/校準規範的制定

企業，尤其是製造業都有計量器具，它們是否準確直接關係到產品的質量和企業的效益。爲此，企業需要收集和制定檢定規程或校準規範等。技術標準，並依此定期檢定/校準，以確保它們量值準確，資料可靠。

制定企業計量器具檢定規程/校準規範時，可參照執行，現以企業計量器具校準規範爲例，介紹其制定方法。

1.企業計量器具校準規範的制定原則和要求

校準是「在規定條件下，爲確定測量儀器或測量系統所指示的量值，或實物器具或標準物質所代表的量值，與對應的由標準所複現的量值之間關係的一組操作」(JJF 1071)。在社會主義市場經濟體制下，大部分企業計量與科學計量都要通過校準來確保其量值準確。因此，企業應十分重視制定企業計量器具校準規範。

企業計量器具校準規範是由企業組織制定並發佈，在企業範圍內實施，作爲校準時依據的技術標準文件，制定時應符合下列原則和要求：

⑴制定企業計量器具校準規範的一般原則

①符合國家有關法律、法規、標準、規程和規範的規定；

②充分採用先進技術並爲最新技術留有空間；

③按企業實際需要確定適用範圍，力求完整。

⑵編寫企業計量校準規範的基本要求

①文字表述應做到結構嚴謹、層次分明、用詞準確、敍述清楚，不可產生不同的理解；

②規範中所用的術語、符號、代號、代碼要統一，表述同一概念；

③計量單位名稱與符號、計量與計量器具的術語及縮略語，技術符號、圖形符號，尺寸和公差等應符合國家標準或行業標準規定；

④規範中的計算公式、表格、圖樣、資料表述應準確無誤；

⑤與相關標準、規範和規程的內容表述應協調一致，不能矛盾、抵觸。

2.企業計量器具校準規範的技術要素部分結構和編排順序

企業計量器具標準規範應按企業標準形式編寫，其地區性技術要素部分的結構層次和編排順序如下：

⑴概述；

⑵計量特性；

⑶校準條件；

⑷校準項目和校準方法；

⑸校準結果表達；

⑹覆核時間間隔；

⑺附錄等。

3.企業計量器具標準規範的編寫方法

企業計量器具校準規範是企業標準，應按企業標準的編寫規定並實施 GB/T 1.1-1.3 等標準，其中地區性技術要素部分內容的編寫方法介紹如下：

⑴**概述**

主要簡述被校計量器具的用途，原理和結構(必要時，應附結構示意圖)。

⑵**計量特性**

應編寫被校計量各參數的測量範圍及其技術指標，還有應具備的分辨力和穩定度等性能要求。

⑶**校準條件**

應寫明爲確保標準過程中計量標準，被校計量器具正常工作所必須的環境條件，如溫度、濕度、氣壓、灰塵、振動、電磁干擾等條件。

計量標準及有關設備應寫明其計量特性，以及對被校計量器具各測量範圍內能提供的計量測試實驗室測量能力。

⑷校準項目和校準方法

校準項目應根據使用要求選擇確定，並寫明其示值或量值要求；校準方法應包括校準的原則，必要時，應提供校準原理示意圖、公式所含的常數或係數。

對帶有調控器的計量器具，經校準後規定保護措施，如南封印、漆封等。

當然，應優先採用國際標準、國家標準和國家計量技術法規中規定的方法。

校準步驟應具體、明確，與校準項目一一對應。

⑸校準結果

校準結果應在計量器具的校準報告上反映，至少應包括下列資訊：

①編號；

②送校部門/單項名稱；

③被校對象的名稱、標識；

④校準日期；

⑤校準依據的規範名稱、編號；

⑥校準所用計量標準的溯源性及有效性說明；

⑦校準環境條件；

⑧校準結果及其測量不確定度；

⑨校準報告簽發人的簽名，簽發日期等。

⑹複校時間間隔

複校時間間隔是指保證被校計量器具準確有效的兩次校準之間的最大時間間隔，應依據被校計量器具的使用條件和次數等實際情況決定。

⑺附錄

主要包括：校準記錄、不確定度評定流程、確定的校準方法及有關的圖表、資料等。

其他企業技術標準的制定應由企業分類制定編寫規定，如工藝標準編制規定，設備完好標準編寫規定等。

二、技術標準的範例

(一)產品標準

產品標準是指對產品結構、規格、品質和檢驗方法所作的技術規定，它可以規定一個產品或同一系列產品應滿足的要求，以確定其對用途適應性的標準。產品可以是軟體、硬體、流程性材料或服務。

根據產品標準的功能，產品標準可分爲產品出廠標準和產品「內控標準」兩類。

產品出廠標準是指企業產品生產、交付核對總和仲裁檢驗用的標準，是生產企業對消費者和社會的產品品質責任承諾。這是建立企業標準體系的關鍵，也是技術標準子體系的中心。

產品的「內控標準」系指企業爲保證和提高產品品質，該標準只作爲企業內部品質控制用，不作爲交貨依據。在企業交貨或國家品質監督部門判定品質是否合格時，仍以企業產品出廠標準爲依據。

(二)技術標準

技術標準是指產品品質形成過程中，對加工、裝配、流程控制和設備運行、調整、維修以及服務提供等技術過程制定的標準。產品設計試製只是解決了要生產什麼樣的產品的問題，至於這個產品怎樣生產出來，則是企業技術標準的基本內容。因此，技術標準在企業產品研發和生產過程中具有重要的作用。技術標準可分爲技術通用標準和技術規程兩大類：

1.技術通用標準

⑴技術術語標準

技術術語標準是統一企業生產技術活動中有關技術方面的基本概念，以使技術工作能夠順利進行。技術術語標準是技術工作方面重要的基礎標準化工作之一。目前技術術語方面的標準還不多。

例 6-1：

技術文件用術語和定義

1.範圍

本標準規定了企業產品生產各技術過程中的部份技術術語和定義。

本標準適用於企業技術文件的編制，也可作爲其他文件編寫中的參考。

2.術語和定義

⑴生產過程　Production Process

由原材料到成品之間各個相互關聯過程的總和。其中包括：

—原材料的運輸和保存；

—生產的準備工作；

—毛坯的製造；

—毛坯經加工成爲零件；

—零件等裝配成整件產品；

—檢驗及測試；

—產品的包裝等。

(2)技術過程　Manufacturing Process

生產過程的一部份，包括改變生產對象的形狀、尺寸和材料性能使之變成爲成品和半成品和隨後進行測定的一系列行動。

(3)技術工序　Manufacturing Operation

簡稱爲工序。一個人或一組人在一個工作地點，對一個或幾個加工對象所完成的一切連續活動的總和稱爲工序。一個零件往往是經過若干個工序才製成的。

工序是技術過程的基本組成部份，並且是生產計劃的基本單元。

(4)工步　Manufacturing Step

完成技術工序的一部份，其特徵是加工表面，切割表面，切削用量或裝配時的連接面均保持不變。

(5)產品　Product

過程的結果。

(6)毛坯　Semi Finished Product

即生產對象。用改變形狀、尺寸、表面粗糙度和材料性質的方法將它製成零件或不可拆卸的裝配單元。

(7)基本材料　Basic Materials

即材料，是原始毛坯的材料。即經加工構成產品的材料。

(8)輔助材料　Supplementary Materials

在完成技術過程中，對基本材料的附加消耗材料。也不構成產品的材料。

(9)生產批量　Production Batck

在同樣的生產週期內，利用同樣原材料，使用同樣生產設備，在同樣的可靠性的詳細規程下，使用同樣的最終組裝方式，所得到的一組產品。

(10)技術設備　Manufacturing Equipment

爲完成技術過程所規定部份而配製的設備，其中包括這些設備用的工具和能源，例如：機床、烘箱、波峰焊機等。

(11)技術裝備　Manufacturing Tooling

爲完成技術過程的規定部份附加於技術設備的生產工具，例如刀具、模具、夾具、量具等。

(12)裝配　Assembly

對產品的零件進行必要的配合和連接，使之成爲成品的過程，可分爲部件裝配、整件裝配、總裝配和調試等階段。

(13)加工　Working

改變原材料、毛坯或半成品的形狀、尺寸性質或表面狀態，使其符合規定要求的各種工作的統稱。

(14)技術　Technology

操作者利用生產設備及工具對各種原材料、半成品進行加工或處理，最後使之成爲產品的操作方法和手段。

(15)生產技術準備　Prepare For Technology In Production

新產品的設計、試製和老產品的改進等技術工作的組織過程，內容主要包括產品結構的設計、計算、技術規程的擬制，工裝的構制與設計、設備的組織和調整、材料和工時定額的制定以及樣品的試製測試和鑑定等的步驟與措施。

(16)技術性能　Performance of Technology

對材料使用某種加工方法以獲得優質製品的可能性或難易程度。

⒄工序週期　Operation Cycle

技術工序的週期性循環，從始至終所指示的時間間隔。工序週期與同時製造的產品數量無關。

⑵技術符號、代號標準

技術符號、代號標準是統一傳遞實現設計意圖的技術語言的工具。與技術術語標準一樣，技術符號、代號標準也是技術方面重要的基礎標準化工作之一。目前技術符號、代號方面的標準也不多，對於加工定位方面的技術符號，主要有機械加工定位支承符號、輔助支承符號、夾緊符號和常用定位、夾緊裝置符號。

⑶技術分類、編碼

技術分類編號方法，就是將產品技術文件中的有關專業技術規程和技術說明的技術文件，按其技術的種類、用途、功能、方法等技術特徵，分為 10 類(0～9)，每類又分為 10 型(0～9)，每型又分為 10 種(0～9)。專業技術規程和技術說明的分類編號，由企業代號、技術分類編號和登記順序號等三部份組成。其示例如圖 6-1 所示。

技術文件基本分類代號見表 6-1(電子行業)。

表 6-1　技術文件基本分類代號

分類號	技術類別	分類號	技術類別
0	綜合性管理類技術	5	塗覆技術
1	成型技術	6	變性技術
2	變型技術	7	裝配
3	分離技術	8	檢測
4	聯接技術	9	產品技術(其他)

圖 6-1 技術分類編號方法(電子行業)

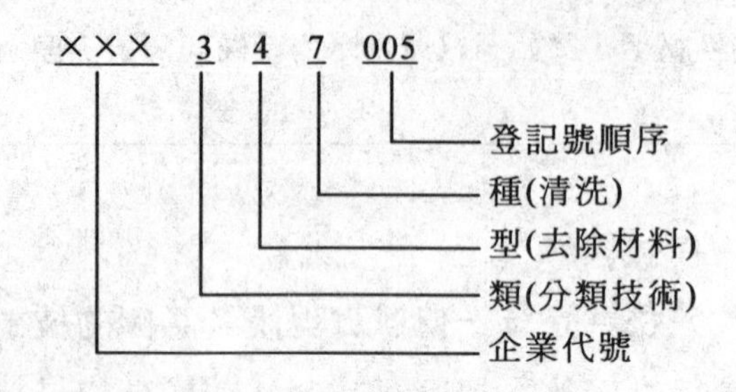

註 1：企業代號，由大寫的拼音字母組成，以區別編制檔的單位。

註 2：技術分類編號由 3 位數位(類、型、種)組成

註 3：每份專業技術規程和工藝說明都應有獨立的編號

註 4：專業技術規程和工藝說明編號應由企業中標準化部門進行統一編制，不應當分散到其他部門辦理。

專業技術規程分類編碼，見表 6-2(電子行業，摘錄)。

表 6-2 專業技術規程分類編碼(電子行業，摘錄)

類	型		種		
1 成型工藝	1	鑄 造	工藝分類標記	110	鑄 造
				111	砂型鑄造
				112	金屬模鑄造
				113	殼模鑄造與複面硬模鑄造
				114	熔模鑄造
				115	泥芯鑄造
				116	
				117	合金熔煉
				118	

續表

1 成型工藝	2	壓鑄		119	
				120	壓　　鑄
				121	
				123	
				124	
			工藝分類標記	125	
				126	
				127	
				128	
				129	
	3	……		130	
				……	
	4	……		140	
				……	
	5	……		150	
				……	
	6	塑膠零件製造		160	塑膠零件製造
				161	壓制、塑膠零件
				162	壓鑄、塑膠零件
				163	擠壓塑膠零件
				164	
				165	粉末冶金燒結零件
				166	

本表中「型」和「種」留下了許多空位，等待新的加工方法出現後，逐步加號

續表

<table>
<tr><td rowspan="10">1
成
型
工
藝</td><td rowspan="3">6</td><td rowspan="3">塑膠零件製造</td><td rowspan="10">工
藝
分
類
標
記</td><td>167</td><td></td></tr>
<tr><td>168</td><td></td></tr>
<tr><td>169</td><td></td></tr>
<tr><td rowspan="2">7</td><td rowspan="2">……</td><td>170</td><td></td></tr>
<tr><td>……</td><td></td></tr>
<tr><td rowspan="2">8</td><td rowspan="2">……</td><td>180</td><td></td></tr>
<tr><td>……</td><td></td></tr>
<tr><td rowspan="2">9</td><td rowspan="2">……</td><td>190</td><td></td></tr>
<tr><td>……</td><td></td></tr>
<tr></tr>
<tr><td>……</td><td>……</td><td>……</td><td>……</td><td>……</td><td>……</td></tr>
</table>

⑷技術文件標準

技術文件標準是企業必不可少的技術資料，它是生產過程中計劃、調度、原材料準備、生產組織、工模量具管理、加工、裝配、品質檢驗、經濟核算等的主要技術依據之一。技術文件的完整性應根據產品和生產性質(設計性試製、生產性試製或正式生產)和產品的生產類型來確定。

例 6-2：

技術文件的完整性

1.範圍

本標準規定了產品圖樣在樣機試製、小批試製和正式生產的各個階段的技術文件的完整性及審批程序。

本標準適用於新產品技術設計和老產品改進技術設計。

2.**技術文件的完整性**

⑴技術文件應根據產品的不同製造階段符合表 A 規定的技術文件完整性。其中：

①根據產品零(部)件技術路線表中的零件品質特性的 A、B、C 重要性分類，列爲技術關鍵件(A、B 類)，且工序較複雜的零件，應編制零件加工技術過程卡片或焊接技術卡片；

②特殊過程關鍵工序應編制「特殊過程關鍵工序控制表」及相應的技術文件；定期進行技術驗證與確認；

③關鍵過程(工序)應編制「關鍵過程(工序)控制表」及相應的技術文件；定期進行技術驗證與確認；

④一般(C 類)零件按「產品零(部)件技術路線表」及通用技術守則執行；

⑤數控加工件應編制數沖、數控鐳射切割加工程序；工序較複雜的重要數控折彎成形零件及非數控加工的冷衝壓件應編製冷作加工技術流程卡片；

⑥正式批量生產的產品應編制裝配調整技術守則及裝配技術流程卡。

⑵對於不具備批量生產的產品(如：一次性產品，特殊大型成套設備等)以及特別簡單的產品可以按具體情況確定。

表 A　技術文件的完整性表序號文件名稱樣機

序號	文件名稱	樣機試製	小批試製	正式生產
1	品質計劃	+	+	/
2	技術文件目錄	+	△	△
3	產品零(部)件加工技術路線表	+	△	△
4	技術關鍵件明細表	+	+	△
5	專用技術裝備明細表	+	△	△
6	工位器具明細表	+	+	△

7	外協件明細表	+	△	△
8	技術總結(技術驗證報告)	+	+	△
9	高壓電器產品裝配技術流程卡	+	+	△
10	焊接技術卡片	+	+	△
11	特殊過程關鍵工序控制表	+	+	△
12	關鍵過程(工序)控制表	+	+	△
13	單位產品材料消耗技術定額明細表	+	+	△
14	單位產品材料消耗技術定額匯總表	+	+	△
15	技術守則	+	△	△
16	專用技術裝備圖樣及文件	+	+	+
17	零件加工技術過程卡片	+	△	△
18	冷作加工技術卡片	+	△	△
19	檢驗卡片	+	+	+
20	裝配調整技術守則	+	+	△
21	高、低壓開關設備裝配技術流程卡	+	+	△
註:「△」爲必備文件;「+」爲酌情自定文件。				

2. **技術規程**

技術規程根據行業的不同，可以是操作規程、運行規程、維修規程、作業指導書、服務提供規範等。一般來講，企業在下列幾種情況下，應編制相應的技術規程，以確保產品和服務品質達到規定的要求。

⑴當某個過程和活動尙不能被操作者所理解、掌握時，企業應編制相應的技術規程，爲其提供指導。

⑵如果關鍵過程因操作失當，其後果可能比較嚴重，應編制相應的技術規程。

⑶對特殊過程，應事先編制相應的技術規程，以確保過程完全受控。

⑷對過程複雜、操作技能要求較高的過程，應有相應的技術規程予以指導。

⑸對操作人員變化較大，或過程需要操作者較多的過程，應用相應的技術規程對他們的操作予以統一。

⑹操作者爲新職工、臨時工，或缺少經驗、文化水準或操作技能較低時，應用相應的技術規程對其進行培訓和規範。

⑺對需要進行特殊控制的過程、控制要求比較特殊的過程，應有相應的技術規程。

⑻組織認爲需要時。

例 6-3：

線路板焊接作業指導書

1.適用範圍

本標準規定了線路板焊接工序的操作方法和注意事項。本標準適用於電子工廠線路板焊接作業。

2.準備工作

⑴工作場所應保持清潔，有足夠的照明，現場要符合 5S 管理要求。

⑵配普通的原材料，並且元器件擺放要整齊、有序、易取放，嚴格區分相似元件。

⑶對線路板標貼工號。

⑷檢查元器件表面是否有油污、氧化膜。

3.操作方法

⑴插件

①安排插裝的順序時，先安排體積較小的跳線、電阻、瓷片電容等，後安排體積較大的繼電器、大的電解電容、散熱器、電感線圈等。

②印製板上的位置先安排插裝離人體較遠的一方，後安排插裝離人體較近的一方。

③帶極性的元器件如二極體、三極管、積體電路、電解電容等，要注意標誌方向。

④相同元件應做到上下垂直，左右平行，呈直線排列。

⑵焊接

①準備施焊：左手拿焊絲，右手握烙鐵，進入備焊狀態。要求烙鐵頭保持乾淨，無焊渣等氧化物，並在表面鍍一層焊錫。

②加熱焊件：烙鐵頭靠在兩焊件的連接處，加熱整個焊件全體，時間爲1-2s。要注意使烙鐵頭同時接觸兩個被焊接物，使它們同時均勻受熱。

③送入焊絲：焊件的焊接面被加熱到一定溫度時，焊錫絲從烙鐵對面接觸焊件。

④移開焊絲：當焊絲熔化一定量後，立即向左上 45° 方向移開焊絲。

⑤移開烙鐵：焊錫浸潤盤和焊件的施焊部位以後，向右上 45° 方向移開烙鐵。結束焊接。從第三步開始到第五步結束，時間也是 1～2s。

⑥生產過程中的印製板應放入分格木架或木盒內，不得交雜堆積，並應加防護罩。

⑶自檢

①目測元器件有沒有漏插、插錯、插反。

②焊點應做到表面圓潤，有金屬光澤。

③焊點之間沒有短路、焊料沒有飛濺。

④合格後補焊、調試。

4.**注意事項**

⑴為了減少焊劑加熱時揮發出的化學物質對人的危害，烙鐵到鼻子的距離以 30cm 為宜。

⑵因焊錫中含有一定比例的鉛，而鉛是對人體有害的重金屬，操作後要洗手。

⑶試驗電烙鐵溫度必須在焊錫上進行。禁止用手摸或靠近臉部試溫。

⑷使用電烙鐵時，嚴禁甩錫，以防錫粒燙傷人體及餘錫甩到印製板上而產生短路影響品質。

⑸烙鐵使後要放在烙鐵架上，並注意導線等其他雜物不要碰到烙鐵頭，以免造成漏電事故。

⑹移動電烙鐵時，應拿手柄，不得提、拉電源線。

⑺手柄過熱時，應切斷電源，待冷卻後再用。

⑻銘鐵頭用銼刀修整打光時，應切斷電源。

(三)測量、核對總和試驗方法標準

測量、核對總和試驗方法技術標準是指對產品、半成品、原材料、輔助材料等品質進行感官檢驗、理化核對總和對產品生產過程控制指標進行分析檢驗及驗收而制定的方法標準。測量、核對總和試驗方法技術標準可分為兩類：一類是試驗方法標準。試驗方法標準指對產品的物理測試和化學分析的方法標準，一般由國家標準、行業標準規定。企業主要工作是收集、實施。在無適用標準的情況下，可自行制定企業方法標準。另一類是檢驗方法標準。檢驗標準系指考核和評定產品品質和生產過程品質是否合乎標準而規定的方法和手段。

例 6-4：

瓦楞紙板檢驗規範

1.範圍

本標準規定了瓦楞紙板的分類、技術要求、抽樣、檢驗項目及檢驗方法。

本標準適用於單瓦楞紙板、雙瓦楞紙板(以下簡稱瓦楞紙板)的檢驗。

2.規範性引用文件

下列文件中的條款通過本標準的引用而成爲本標準的條款。凡是註日期的引用文件，其隨後所有的修改單(不包括勘誤的內容)或修訂版均不適用於本標準。然而，鼓勵根據本標準達成協定的各方研究是否可使用這些文件的最新版本。凡是不註日期的引用文件，其最新版本適用於本標準。

3.分類

(1)瓦楞紙板分類

根據用途及原材料的品質等級，將單瓦楞紙板和雙瓦楞紙板分爲：優等品、一等品、合格品，其中優等品爲出口商品及貴重物品包裝用瓦楞紙板；一等品爲內銷物品包裝用瓦楞紙板；合格品爲短途、低廉商品包裝用瓦楞紙板。其物理性能指標見表 A。

表 A

種類	優等品			一等品			合格品		
	代號	耐破度 kPa	邊壓強度 kN/m	代號	耐破度 kPa	邊壓強度 kN/m	代號	耐破度 kPa	邊壓強度 kN/m
單瓦楞紙板	S-1.1	638	4.5	S-2.1	410	4.0	S-3.1	392	3.5
	S-1.2	785	5.0	S-2.2	686	4.5	S-3.2	588	4.0
	S-1.3	1177	6.0	S-2.3	980	5.0	S-3.3	784	4.5
	S-1.4	1570	7.0	S-2.4	1373	6.0	S-3.4	1177	5.0

雙瓦楞紙板	D-1.1	785	6.5	D-2.1	686	6.0	D-3.1	588	5.5
	D-1.2	1177	7.0	D-2.2	980	6.5	D-3.2	784	6.0
	D-1.3	1570	8.0	D-2.3	1373	7.5	D-3.3	1177	6.5
	D-1.4	1981	9.0	D-2.4	1765	8.0	D-3.4	1570	7.0

⑵楞型結構及其尺寸

①瓦楞紙板的楞型結構及尺寸應符合表 B 的要求，其瓦楞形狀均爲 UV型。

②瓦楞紙板的厚度：單瓦楞紙板厚度應高於表 B 所規定相應楞高的下限值。雙瓦楞紙板厚度應高於表 B 所規定的相應兩種楞高的下限值之和。

③瓦楞紙板的寬度、長度，由供需雙方協商確定。

表 B

楞型	楞高 mm	楞數個/300mm
A	4.5～5.0	34±2
C	3.5～4.0	38±2
B	2.5～3.0	50±2
E	1.1～2.0	96±4

4.抽樣

⑴抽樣準則

外觀檢驗抽樣參照 GB/T 2828。

⑵檢驗批

以同一原材料、同一結構、同一技術加工的瓦楞紙板爲一檢驗批，最大批量爲 2.5 萬個。

⑶抽樣數量

外觀檢驗抽樣數見表 C。

表 C　樣本大小字碼			
批量	一般檢驗水準（樣箱數）		
	I	II	III
1～8	A(2)	A(2)	B(3)
9～15	A(2)	B(3)	C(5)
16～25	B(3)	C(5)	D(8)
26～50	C(5)	D(8)	E(13)
51～90	C(5)	E(13)	F(20)
91～150	D(8)	F(20)	G(32)
151～280	E(13)	G(32)	H(50)
281～500	F(20)	H(50)	J(80)
501～1200	G(32)	J(80)	K(125)
1201～3200	H(50)	K(125)	L(200)
3201～25000	J(80)	L(200)	M(315)

②檢驗人員抽樣依據表 C「樣本大小字碼表」的一般檢查水準 I 確定，如制程異常時，則依據一般檢驗水準 II 確定。

③根據抽樣的數量及所確定的檢驗水準，可以查得對應的樣本大小字碼，並規定接收品質限 AQL=1.0 後，在表 E「檢驗結果判定」中進行判定。

④如抽驗結果不合格數大於合格判定數，且不良狀況可被挑選的，重新抽驗水準按一般檢驗水準 II 確定。

⑷抽樣方法

外觀檢驗樣箱從同一檢驗批的產品中隨機抽取。

⑸抽樣頻次

①生產單量≤500 片的訂單檢驗次數不少於 1 次；

②生產單量在 501～3200 片的訂單檢驗次數不少於 2 次；

③生產單量≥3201 片的訂單檢驗次數不少於 3 次；

④對 A 級客戶或有特殊品質要求的小批量訂單(≤500 片)檢驗次數不少於 2 次；大批量訂單(≥501 片)不少於 4 次。

5.檢驗

(1)外觀檢驗

①檢驗項目

粘合、皺紋、破損、折痕、起泡、平整度、邊齊、楞形、髒汙、毛邊紙屑、耐折度、尺寸、厚度、含水率。

②檢驗方法及要求

a)外觀檢驗按表 D 規定逐項檢驗。

表 D

項　目	技術要求	不合格判定
粘　合	難以撕開，撕開已破壞粘合處紙質狀況，且粘合強度≥588N/m。	輕撕即脫開，伴隨剝剝聲而兩層分開，粘合強度＜588N/m。
皺　紋	1.面板上有長度在 50mm 以內的皺紋不允許超過 3 條。 2.在平板的邊角或裏紙上，不影響印刷或成箱效果。	箱片面版上有長度在 50mm 以上的皺紋，超過 3 條以上或嚴重影響成箱外觀。
破　損	破損在邊角處或輕微破損在裏紙上，不影響外觀印刷及生產進紙。	1.生產無法進紙，難以印刷。 2.影響進紙速度和印刷品質。
折　痕	無折痕或折痕在邊角處，不影響印刷品質。	影響印刷品質、生產漏白。
起　泡	無起泡或起泡面積部份之和不大於每平方米 15cm²。	起泡面積部份之和大於每平方米 15cm²。
平整度	紙板平整、無曲翹或平板置於水平面上，最高位距水平面 2cm/m 以下。	平板置於水平面上，最高位距水平面 2cm/m 以上。

邊　齊	箱面、夾心、裏紙及單面瓦裱，露楞、空頭(即缺料)≤2mm。(有要求的客戶除外)	箱片面紙或裏芯紙缺材＞2mm。
楞　形	楞型飽滿、不破楞、不倒楞、不塌楞、不高低楞。	目測可明顯看出或嚴重影響印刷品質及外觀等。
髒　汙	紙板表面應平整、清潔，或輕微髒汙在裏紙上或面紙邊角上不影響美觀和不影響印刷品質。	面紙上影響印刷品質及裏紙髒汙面積較大的。
毛邊紙屑	切邊應整齊、刀口光潔不毛；或無大的毛邊紙屑，且小塊毛邊紙屑對外觀及印刷影響不大。	有毛邊且嚴重影響印刷及外觀。
耐折度	紙板橫向折(或沿壓線)經開合 270°往復 3 次，面紙、裏紙無裂縫。(白面紙按 3 次以上折斷驗收，含 3 次)	紙板橫向折(或沿壓線)270°，3 次以下折斷(白面紙低於 3 次就折斷，不含 3 次)。
尺　寸	紙板縱向尺寸±5mm；橫向尺寸±3mm；壓線尺寸±2mm。	紙板尺寸超出規定的技術要求。
厚　度	單瓦紙板厚度應高於表 B 的規定相應楞高的下限值。 雙瓦應高於表 B 所規定相應兩種楞高的下限值之和。	紙板厚度低於表 B 所規定的厚度要求。
含水率	12±4%(瓦楞紙板離機 30min 後檢測)	超出規定的要求範圍。

註：厚度和含水率存在實際操作困難，故納入性能檢驗範圍內。

b)瓦楞紙板的長度(縱向尺寸)、寬度(橫向尺寸)和壓線尺寸用精度爲 1mm 的鋼卷尺檢測。

c)瓦楞紙板的外觀品質檢驗按肉眼觀察評定。

d)含水率檢驗

・檢驗儀器：快速水分測定儀。

・快速水分測定法：用快速水分測定儀在每張樣板不同部位測量 4 個點，最後求其幾張樣板的平均值。

③外觀檢驗批合格準則

外觀檢驗批合格準則，按表 E 規定。

表E　檢驗結果判定

樣本大小字碼	樣本大小	合格品質水準 AQL	
		1.0	
		Ac	Re
A	2		
B	3		
C	5		
D	8		
E	13	0	1
F	20	↑	
G	32	↓	
H	50	1	2
J	80	2	3
K	125	3	4
L	200	5	6
M	315	7	8

④使用箭頭下面的第一個抽樣方案；使用箭頭上面的第一個抽樣方案；如果樣本量等於或超過批量，則執行 100%檢驗。

⑤檢驗不合格數小於或等於合格判定數，則該批外觀檢驗合格；若等於或大於不合格判定數，則該批外觀檢驗不合格。

⑵性能檢驗

①性能檢驗的項目，厚度、邊壓強度、耐破強度和粘合強度按 GB/T 6544 的規定進行檢測。

②瓦楞紙板的性能檢驗，一般情況，每週抽檢一批送公司檢測中心進行檢測，發現不合格及時分析整改。（若有新的供方提供原材料投入生產、生產技術發生重大更改或客戶要求時，隨時送檢測中心進行性能測試。）

⑶外觀檢驗、性能檢驗均合格，則該批合格；只要出現一項不合格，則該檢驗批爲不合格。

⑷出廠瓦楞紙板應符合本標準的規定，並在客戶有要求時開具檢驗合格報告。

三、企業管理標準的制定

對企業標準化領域中需要協調統一的管理事項所制定的標準，稱之爲企業管理標準。

這些需要協調統一的「管理事項」主要是指「爲實現企業生產經營管理職能有關的重覆性管理事項」。

顯然，企業生產經營活動中的管理標準對象理應是在企業範圍內需要統一的管理技術事項或管理技術要求。

(一)制定企業管理標準/體系流程文件的依據

總結國內外(公司)管理標準化的經驗和教訓，制定企業管理標準的依據有以下五項：

1.與企業管理技術事項對應的國家現行法律、法規和規章

企業生產經營管理活動中必須認真貫徹國家有關的現行法律、法規和規章。如：

⑴《標準化法》、《標準化法實施條例》。

⑵《計量法》、《計量法實施條例》。

⑶《產品質量法》及企業所在地區和行業部門發佈的品質管制規章。

⑷《設備管理條例》及有關設備管理方面的部門或地方規章。

⑸《特種設備安全監察條例》及安全管理方面的規章。

這些現行有效的國家法律、法規和規章理所當然是制定企業管理標準的首要依據。

2.有關企業管理技術方面的國家標準和行業標準

隨著現代化管理步伐的邁進，國家標準部門制定了不少管理技術方面的國家標準與行業標準。例如：

價值工程，基本術語和一般工作流程，品質管制體系，基礎術語，企業能量平衡技術考核驗收標準。

這些國家標準和行業標準當然應該成爲企業制定價值工程管理、品質管制、能源管理和工藝管理方面管理標準的主要依據。

3.企業原有的一些管理制度

每個企業在企業管理過程中，均先後制定了一些管理制度，這些管理制度是企業管理經驗和教訓的總結，其中有不少是企業生產經營中的管理技術，即管理流程、管理方法等方面的問題。我們可以通過制定企業管理標準，使這些管理科學化、流程化，達到優化管理，提高管理效率與水準，保證專業技術標準認真實施等目的。爲了保持管理的連續性，就必須以原來的一些企業管理制度為基礎。

4.企業傳統的管理實踐經驗

企業管理標準是管理技術與管理實踐經驗的綜合成果。因此，在制定企業管理標準中，完全可以也應該認真總結那些不成文的傳統管理經驗，使這些「散失」在企業職工中的經驗得到彙集、整理和提煉，並納入相關的管理標準之中。

(二)制定企業管理標準/體系流程文件的原則

制定好企業管理標準，必須遵循下列三個原則：

1.遵守《企業標準化管理辦法》中提出的原則

企業管理標準是一類企業標準，因此必須遵守《企業標準化管理辦法》提出的原則。即：

⑴保證安全、衛生，充分考慮使用要求，保護消費者利益，保護環境。

⑵有利於企業技術進步，保證和提高產品(包括工程和服務)質量，改善經營管理和增加社會經濟效益。

⑶積極採用國際標準和國外先進標準。

⑷有利於合理利用資源、能源，推廣科學技術成果，有利於產品的通用互換，符合使用要求，技術先進，經濟合理。

⑸有利於對外經濟技術使用和對外貿易。

⑹本企業內的企業標準之間應協調一致。

2.按企業管理職能制定管理標準，不能按企業現行管理機構制定

堅持這條原則主要是為了保持企業管理標準的穩定性。企業管理標準是為了實現企業生產經營管理職能針對管理活動過程制定的，只要企業存在，就一定有企業的物料管理、設備管理、品質管制、生產管理、技術管理等管理活動過程。為了實現這些管理職能，就可以制定物料管理、設備管理、品質管制、生產管理與技術管理方面的管理標準。但企業的管理機構卻是依據企業的外部市場環境條件和企業內部的產品、設備、人員等狀況而設立的，並會不斷變更與調整，以適應企業內外的變化。因此，為了保持企業管理標準的穩定性，以及保證在「標齡」期內得到有效實施，就必須堅持按管理職能而不以管理機構制定的原則。

3.「三不」原則

⑴不穩定的管理事項不能制定為企業管理標準。

⑵不成熟的管理工作事項，不能急於制定為企業管理標準。

⑶企業管理制度已有效管理的事項，不必再制定為企業管理標準。

在一個企業的管理中有兩類管理事項，一類是管理技術事項，他們一般比較穩定地重覆發生，我們可以運用標準化的原理和方法，制定為企業管理標準，可以由定性管理轉變為定量管理，由粗放經營變為集約化經營，由經驗管理變為科學管理；另一類是受企業外部因素影響較大或涉及到管理藝術的管理事項，就只能制定為管理制度，實現有序化管理。儘管企業管理標準和管理制度在對象、產生基礎、制定流程、內容要求及編寫格式等方面存在不同，但它們都是企業管理的「法規」和「工具」，都是企業規範文化的主要組成部分，都要長期並存互相補充，決不能排斥或替代某一種，也沒有必要把原來的企業管理制度全部「轉化」或「昇華」成企業管理標準。

經驗和教訓已充分證明：只有把那些在生產技術與經營活動中與相應技術標準緊密相關的管理技術要求制定為企業管理標

準，實施後才能產生顯著的企業標準化效益，才能優化企業生產經營管理，提高生產效率和經濟效益。

(三)編寫企業標準體系文件的基本要求

企業管理標準除了應符合正確性、統一性、簡明性、協調性和規範性五項基本要求外，還應符合下列三項基本要求：

⑴應該認真貫徹有關專業管理的現行法律、法規和規章，不能把被替代、被廢止的無效法規作爲企業管理標準的管理依據。

⑵應該符合企業管理實際，具有該企業管理特色，而不是抄襲搬用的。

⑶管理內容應明確具體，其檢查與考核方法應盡可能定量化、科學化，具有可行性和可檢查性。

(四)企業管理標準體系文件的結構及編排

結合企業管理標準的實際需要，企業管理/標準體系流程文件的規範性技術要素部分結構及編排順序如圖 6-2 所示：

圖 6-2

技術要素部分：
- 範圍
- 引用文件
- 術語和定義/符號和縮略語
- 管理職責
- 管理原則
- 管理程式
- 管理內容與要求
- 檢查與考核
- 規範性附錄

上述構成部分不是任何一項企業管理標準/體系流程文件都需要包括在內的，企業可根據管理對象的具體內容及其特點，以及制定該管理標準的目的，來具體規定標準應具有的內容結構。

(五)管理標準體系的文件編寫方法

1.範圍

企業管理標準的主題內容與適用範圍按規定編寫，當標準名稱明確指出其適用範圍時，可不寫適用範圍。

2.引用文件

企業管理標準的引用標準是寫該標準直接引用的和與其配套使用的標準，書寫格式按規定，但要寫全標準號，即寫明標準代號、標準順序號和發佈年號。

當一些部門管理技術性規程、規範、細則等用文件形式發佈時，可以作爲:「引用文件」編寫。編寫的順序和方法如下：

(1)文件發佈部門；(後附冒號)

(2)檔案名稱；

(3)文件發佈或實施日期。

3.術語和定義/符號和縮略語

爲了企業現代化管理的客觀需要，企業管理方面的常用術語和定義，符號和縮略語也要標準化。凡現行國家標準、行業標準、地方標準均無規定時，企業可制定單獨的企業術語和定義，符號和縮略語標準，或在相應的企業管理標準正文中寫明，以便統一理解，順利實施。

4.管理職責

企業某類管理工作應有一個歸口管理部門，在企業管理標準中，明確規定該歸口管理部門的職能、責任及許可權是實施有效管理的前提。因此，應該在相應的企業管理標準(一般是每類企業管理標準中有一項)中明確規定歸口管理部門的職責。同時，也可寫明配合/協作部門的管理職責。

5.管理原則

企業管理業務中，有些業務管理工作必須遵循一定的管理原則(或準則)，則應明確規定，如企業物料管理應實行「六統一原則」，即「統一分類、統一計劃、統一採購、統一分配、統一調度、統一管理」等原則。生產管理應實行均衡生產、優質生產、安全生產等原則。當然，如無管理原則時，該章可省略不寫。

6.管理流程

管理流程指管理活動運行客觀的順序，一般應採用流程圖來表述，在管理流程圖表形式還不能表述清楚時，可插加一些文字說明。

在編寫管理流程圖時，應用科學方法優化流程或業務過程再造，使流程暢通而又路線最短，儘量避免重覆交叉和迂回。

管理流程流離轉徙圖表中的圖形符號一般採用國際上通行的四種符號即：過程符號□，方向符號→，判斷符號◇和始終符號○。

必要時，也可採用 GB/T 1526《資訊處理資料流程圖、流程流程圖、系統流程圖、流程網路圖和系統資源圖的文件編制符號及約定》等標準中規定的圖形符號，以達到能使用電腦資訊系統的要求。

管理流程圖表的具體尺寸、格式由企業自行確定，但要符合簡明、清晰的要求。

7.管理內容和要求

這是企業管理中正文部分的主體，應根據具體專業管理業務內容和 5W1H 原則，對其中應處理事項的時間、空間、質量和數量、管理的條件和方法等一一作出明確的規定。如《企業設備管理基本規定》中，應對設備的規劃、購置、驗收、安裝、調試、使用、維護、檢查、修理、改造、更新、封存直到報廢等內容，寫出明確的規定要求。

8.檢查和考核

企業管理標準中一般應對標準中規定的管理內容與要求的實施情況如何進行檢查和考核作出明確規定，這種檢查與考核是對企業一項管理業務工作狀況的檢查和考證。因此，可根據該項管理業務企業應達到的總目標，按目標管理的方法分解落實到企業各有關部門和工廠，並提出具體的檢查方法和考核指標。

考核指標應盡可能定量，用資料或比率表示，對一些確實難以用資料和比率表示的定性考核要求也可以轉化爲等級或分數的辦法來表示。

例如對企業各生產工廠或計量器具比較集中的部門，可以提出計量器具配備率，在用計量器具抽檢合格率、計量器具、週檢一次合格率等考核指標，而這些具體考核指標的確定依據是根據企業計量管理的總目標如達到計量二級或一級水準而分解的。

企業管理標準中檢查和考核的結果必須與企業的經濟承包獎懲責任制緊密掛鉤，匹配一致。

必要時，企業也可以制定獨立的考核標準，然後在管理標準中引用實施。

四、管理標準的範例

管理標準體系應包含有：管理基礎，經營綜合管理，設計開發與創新管理，採購管理，生產管理，品質管理，設備與基礎設施管理，測量、檢驗、試驗管理，包裝、運輸、貯存管理，安裝、交付管理，服務管理，能源管理，安全管理，職業健康管理，環境管理，信息管理，體系評價管理，標準化管理等 18 個方面的管理標準。這些標準主要由管理基礎標準、管理專用標準組成。

(一)管理基礎標準

管理基礎標準居於管理標準體系的第一層，是從其他各類管理標準中提煉出來的共性標準，它是統一企業各類管理標準的共同準則，也是制定各類管理標準的共同依據，它對下層標準具有制約和指導作用。

這類管理標準的內容，隨著現代管理技術的不斷發展而增加，主要有如下幾個方面：

1. 管理用術語、符號、代號、標誌標準

在企業的各個管理領域中有大量的專用術語，有些術語的應用領域涉及到整個企業乃至與社會接軌協調，這就必須將這些術語所表達的確切含義加以標準化，強行統一，否則便會出現理解不一致以及由此而產生的各種後果。不僅已經出現的術語需要通過標準化達到統一理解，而且隨著科學技術的進步和人類各方面知識和能力的發展，還會不斷地創造新的術語，淘汰過時的術語，爲新技術的普及應用和無誤的交流創造最起碼的條件。術語標準有的要在企業內統一。例如，GB/T 20000.1-2000《標準化工作指南　第1部份：標準化和相關活動的通用辭彙》；GB/T 8223《價值工程基本術語和一般工作程序》；GB/T 19000《品質管理體系基礎術語》等。

符號、代號、圖形和標誌，能以極其簡單、明確而又形象的方式表達一個複雜的概念或現象，達到快速傳遞信息的目的，這類標準最典型的標準如：《安全標誌》、《垃圾分類標誌》、《包裝儲運圖示標誌》等。

2.文件格式標準

企業裏大量的文件、表格是企業信息的傳遞媒介，爲了規範統一文件的格式，提高信息管理的效率，減少文件接口的混亂，必須對文件、記錄、報告等的名稱、代號、格式、內容、記錄方法、書寫要求、計量單位、傳遞路線和管理職責作出統一的規定。

(二)管理專用標準

管理專用標準是管理標準體系除管理基礎標準子體系外位於管理標準體系第二層次上的管理事項子體系，有些企業認爲，人力資源管理和財務管理是企業管理的重要組成部份，涉及企業經營、生產各個方面，因此，把人力資源管理和財務管理放在經營管理子體系中不妥，把這兩個分子體系提到第二個層次上，形成19個管理事項子體系。

1.採購管理標準

採購管理標準是企業採購過程中對選擇合格供方及供方能力評價、訂貨方式、接收及付款方式、產品的驗證、不合格品處理等管理事項所制定的標準。

例 6-5：

採購控制程序

1.範圍

本標準規定了對供方評價和控制的方法、採購的實施及驗證等內容。

本標準適用於對生產所需的原材料及元器件採購、外協加工及供方提供服務的控制；同時也適用於對供方進行選擇、評價和控制。

2.規範性引用文件

下列文件中的條款通過本標準的引用而成爲本標準的條款。凡是註日期的引用文件，其隨後所有的修改單(不包括勘誤的內容)或修訂版均不適用於本標準，然而，鼓勵根據本標準達成協定的各方研究是否可使用這些文件的最新版本。凡是不註日期的引用文件，其最新版本適用於本標準。

3.職責

⑴採購部

①負責按公司的要求組織對供方進行評價，編制「合格供方名錄」，對供方的供貨業績進行選擇、評價和控制；

②負責制定「月採購計劃單」，執行採購作業。

⑵產品研發部/科技項目部

①負責編制採購物資技術標準及「採購物資分類明細表」；

②負責對供方評定時，進行樣品測試。

⑶質管部

①負責對進廠的物資進行檢測驗證；

②負責對供方進行評定時，進行小批量試用測試；

③負責記錄供方的供貨品質情況。

⑷管理者代表負責審批「供方評定記錄表」、「合格供方名錄」。

⑸採購部經理批准月採購計劃。

4.程序

⑴採購物資分類

採購部根據採購物資技術標準及「採購物資分類明細表」及其對隨後的實現過程及其輸出的影響，將採購物資分爲 A、B、C 三類：

①重要物資(A)：構成最終產品的主要部份或關鍵部份，直接影響最終產品使用或安全性能，可能導致顧客嚴重投訴的物資；

②一般物資(B)：構成最終產品非關鍵部位的批量物資，它一般不影響最終產品的品質或即使略有影響，但可採取措施予以糾正的物資；

③輔助物資(C)：非直接用於產品本身的起輔助作用的物資，如一般包裝材料等。

⑵對供方的評價

①採購部根據採購物資技術標準和生產需要，通過對物資的品質、價格、供貨期等進行比較，選擇合格的供方，塡寫「供方評定記錄表」。對同類的重要物資和一般物資，應同時選擇幾家合格的供方。質管部負責建立並保存合格供方的品質記錄。根據「採購物資分類明細表」規定的產品類別，明確對供方的控制方式和程度。

②對有多年業務往來的重要物資的供方，應提供充分的書面證明材料，可以包括以下內容，以證實其品質保證能力：

a)品質管理體系認證證書；

b)公司對供方品質管理體系進行審核的結果；

c)公司及供方其他顧客的滿意度調查；

d)供方產品的品質、價格、交貨能力等情況；

e)供方的財務狀況及服務和支援能力等。

③對第一次供應重要物資的供方，除提供充分的書面證明材料外，還需樣品測試及小批量的試用，測試合格才能供貨：

a)新供方根據提供的技術要求提供少量樣品；

b)質管部對樣品進行驗證，出具相應的驗證報告，並填寫「供方評定記錄表」中相應欄目，回饋採購部；

c)樣品如不合格可再送樣，但最多不能超過兩次；

d)樣品合格後，採購部通知供方小批量供貨；經質管部進貨驗證合格後，交生產部門試用，並由質管部出具相應試用後的驗證報告，並填寫「供方評定記錄表」中相應欄目，回饋給採購部；

e)小批量進貨驗證或試用不合格則取消供貨資格。樣品驗證、小批量試用均合格的供方經管理者代表批准後，可列入「合格供方名錄」。

④對於一般物資供方，需要經過樣品驗證和小批試用合格，各相關部門提供評價意見，管理者代表批准，方可列入「合格供方名錄」。

⑤對於批量供應輔助物資的供方，質管部在進貨時對其進行驗證，並保存驗證記錄，合格者由管理者代表批准後，即可列入「合格供方名錄」。對零星採購的輔助物資，其進貨驗證記錄即爲對此供方的評價。

⑥供方產品如出現嚴重品質問題，採購部應向供方發出「不符合、糾正和預防措施處理單」，如兩次發出處理單而品質沒有明顯改進的，應取消其供貨資格。詳見 Q/TZ G901.29 的有關規定。

⑦採購部每年對合格供方進行一次跟蹤複評，填寫「供方業績評定表」，評價時按百分制考核，品質評分佔 60%，交貨期評分佔 20%，其他(如價格、售後服務等)佔 20%。評定總分低於 60 分(或品質評分低於 48 分)，應取消其合格供方資格；如因特殊情況留用，應報管理者代表批准，但應加強對其供應物資的進貨驗證。連續兩次評分不及格，應取消其供貨資格，記錄並保持評價結果及糾正措施。

⑧對外協加工的供方控制，也應執行上述條款規定。

⑨對服務供方的控制

爲公司提供服務的供方，如檢測、培訓機構等，也應經評價合格後方可向公司提供服務。

a)人力資源部負責培訓機構的評價及控制；

b)質管部負責檢測機構的評價及控制。

⑶採購

①採購計劃

採購部根據生產計劃及庫存情況編制「月採購計劃」，經採購部經理批准後實施採購。對於零星採購的物資，相關部門填寫「(零星)物資採購申請單」，報採購部經理批准，交採購部實施。

②採購的實施

a)採購部根據批准的「月採購計劃單」、「(零星)物資採購申請單」，按照採購物資技術標準在「合格供方名錄」中選擇供方或按顧客指定的供方進行採購；

b)第一次向合格供方採購物資時，應簽訂「採購合約」，明確品名規格、數量、品質要求、技術標準、驗收條件、違約責任及供貨期限等；

c)採購部根據需要將相應的技術要求作爲合約附件提供給供方；

d)採購前採購員應核實提供給供方的技術要求是否有效，將「採購物資清單」交採購部經理確認後實施採購。

e)對已簽訂供貨協議的常供供方，將採購計劃傳真給供方確認後即可。

⑷採購信息

①採購文件

a)文件包括擬採購產品的信息：

・對產品的品質要求(直接引用各類標準或提供規範、圖樣等技術文件)；

・對產品的驗收要求；

・其他要求，如價格、數量、交付等。

b)適當時還包括：

・對供方的產品、程序、過程、設備、人員等提出有關批准或資格鑑定的要求，例如：對供方產品的安全認證要求，對加工過程、設備及人員要求，委託檢測的服務要求等；

・適用的品質管理體系要求。

②公司的採購文件包括「月採購計劃」、「(零星)物資採購申請單」、「採購物資分類明細表」、「採購物資清單」、「採購合約」及附件等，由採購部保管。採購文件發放前，由相應的發放部門負責人對其要求是否適當進行審批。

⑸採購產品的驗證

①採購產品到廠後由質管部按 Q/TZ J636、Q/TZ J631 的要求進行核對總和驗證，當本公司或顧客要求在供方貨源處進行產品驗證時，則應在採購合約或「採購物資清單」中明確驗證安排的方式和產品放行的方法。

②驗證活動包括檢驗、測量、觀察、技術驗證、提供合格證明文件等方式。根據「採購物資分類明細表」，在相應的檢驗規程中規定不同的驗證方式。

③顧客的驗證不能免除本公司提供合格產品的責任，也不能排除其後顧客拒收的可能。

⑹形成的記錄。

5.**記錄**

2.設備與基礎設施管理標準

設備與基礎設施管理標準是針對設備與設施的規劃、設計、基建、製造、選型、購置、安裝、使用、維護、修理、改造、更新直到報廢的全過程中所涉及的相關事項所制定的標準。如設備維護保養管理、鍋爐、壓力容器、特種設備的管理、備品備件管理辦法等。

例 6-6：

鍋爐、壓力容器管理規定

1.範圍

本標準規定了鍋爐、壓力容器的安裝、使用與管理、檢驗、修理改造等事項。

本標準適用於鍋爐、壓力容器等特種設備的管理。

2.規範性引用文件

下列文件中的條款通過本標準的引用而成爲本標準的條款。凡是註日期的引用文件，其隨後所有的修改單(不包括勘誤的內容)或修訂版均不適用於本標準，然而，鼓勵根據本標準達成協定的各方研究是否可使用這些文件的最新版本。凡是不註日期的引用文件，其最新版本適用於本標準。

3.職責

⑴技術裝備部

①負責鍋爐、壓力容器的日常管理工作；

②檢查工廠對鍋爐、壓力容器的使用、維護和安全裝置的校驗工作；

③負責制定、審核壓力容器的修理和改造方案，並監督壓力容器的修理改造是否符合品質標準要求。

⑵設備管理員

①負責編制和上報壓力容器的檢驗方案和檢驗計劃；

②負責填報鍋爐、壓力容器的變更情況及申請壓力容器使用證工作；

③負責編制鍋爐、壓力容器的修理、改造及更新方案。

⑶使用部門

①參與壓力容器的安裝、檢修、檢驗後的竣工驗收工作，並按規定登記上報和做好存檔工作；

②參加鍋爐、壓力容器的事故分析，負責預防措施的貫徹；

③做好安全裝置的定期校驗和管理工作。

4.**安裝**

⑴對鍋爐(包括蒸汽管道)首先按生產技術要求，進行設計，得到市品質技術監督局審批後，才可施工。

⑵安裝單位必須具備有鍋爐及壓力容器管道資質，按圖施工。

⑶安裝施工結束後，先自行試壓，合格後，會同技術部門驗收，方可投入試運行。

5.**使用與管理**

⑴技術裝備部對所管理的鍋爐、壓力容器應逐台填寫壓力容器登記表和登記卡，連同有關文件向市技術監督局申請登記，經批准取得使用證後方可投入使用。

⑵技術裝備部對所管理的容器，應根據生產技術要求和容器的技術性能制定容器安全操作規程，並嚴格執行。

⑶鍋爐、壓力容器的操作人員必須經過培訓，考試合格並取得安全作業證後方可上崗操作。

⑷操作人員應嚴格遵守規程和崗位責任制，定時、定點、定線進行巡廻檢查，並保持安全附件齊全、靈敏、可靠，發現不正常現象及時處理。

⑸壓力容器發生下列異常現象之一時，操作人員有權立即採取緊急措施並及時報告有關部門。

①容器工作壓力、介質溫度或壁溫超過許用值，採取各種措施仍不能使之下降；

②容器的主要受壓元件發生裂縫、鼓包、複形、洩漏等危及安全想像；

③安全附件失效，接管端斷裂，緊固件損壞，難以保證安全運行；

④發生火災且直接威脅到容器安全運行；

⑤鍋爐、壓力容器必須嚴格按規定的壓力溫度操作，不得任意修改原設計的技術條件，嚴禁超溫、超壓運行。如需改變容器的壓力、溫度、操作指標、材料、設備結構，須經技術裝備部同意，公司製造中心總監批准，

重大改變須經主管部門和市品質技術監督局批准後，交有資質單位改造；

⑥容器內部有壓力時，不得對主要受壓元件進行任何修理或緊固工作；

⑦使用人員應加強鍋爐、壓力容器的防腐、保溫工作。鍋爐、壓力容器外表面應保持油漆完整，器內防腐層應根據情況定期檢查，以保證防腐層完好；

⑧壓力容器的檢驗計劃應隨同設備年度檢修計劃上報，年終要總結計劃的執行、完成情況。

6.檢驗

⑴一般鍋爐、壓力容器的檢驗週期按有關規定執行。如遇特殊情況不能執行，在保證安全運行的條件下，經有關部門批准後緩檢或免檢。

⑵鍋爐、壓力容器所配備的安全裝置(如安全閥等)，按相關規定檢定、檢驗，並定期進行疏通、排放工作，以保證其靈敏、可靠。安全附件的檢定、檢驗範圍是：安全閥的開啓壓力應爲容器工作壓力的1.03～1.05倍，但不得超過容器的設計壓力。

⑶對檢驗中發現的問題要及時採取措施進行修理或消除，對一些一時難以消除的問題應採取降級、降壓、限期使用、更新等措施處理，並報上級主管部門批准和備案。

7.修理改造

⑴鍋爐、壓力容器大修後，須經技術裝備部、工廠共同驗收合格後方可投入使用。

⑵鍋爐、壓力容器的修理和改造應制定規範、嚴格的技術方案和技術要求，並經技術裝備部負責人審批，三類容器還要報上級主管部門。

⑶壓力容器的補焊、挖補、更換筒節等技術要求均應按現行的技術規範和製造技術文件及驗收規範執行。

8.事故管理

3.測量、核對總和試驗管理標準

測量、核對總和試驗管理標準是針對企業在產品實現過程中所需要的測量、檢驗、試驗裝置和設備所實施監視和測量制定的標準。如監視和測量裝置的控制程序、產品的監視和測量控制程序、過程的監視和測量控制程序等。

例 6-7：

測量設備計量確認和量值溯源控制程序

1.範圍

本標準規定了測量設備的計量確認方式、外部送檢、量值溯源、現場校準和監督檢查等管理事項。

本標準適用於公司各類測量設備，包括輔助設備、監視與記錄裝置、理化分析與試驗設備等不同方式的計量確認，使其量值最終能溯源到計量基準。

2.規範性引用文件

下列文件中的條款通過本標準的引用而成爲本標準的條款。凡是註日期的引用文件，其隨後所有的修改單(不包括勘誤的內容)或修訂版均不適用於本標準，然而，鼓勵根據本標準達成協定的各方研究是否可使用這些文件的最新版本。凡是不註日期的引用文件，其最新版本適用於本標準。

3.職責

⑴質管部

①負責在用測量設備計量確認狀況的監督抽查；

②負責組織屬於強制檢定目錄的測量設備的送檢；

③負責非強檢測量設備的送檢或內部校準；

④負責組織無法檢定或校準的特殊測量設備的比對或重覆性測量。

4.程序

⑴測量設備的計量確認方式

測量設備計量確認過程；校準、檢定和計量確認的關係。公司測量設備的計量確認包括以下方式：

①貿易結算、安全防護、環境監測等被列入強制檢定目錄的測量設備必須按計量檢定規程和檢定系統表規定的檢定週期送市或省級品質技術監督檢測院檢定/校準；

②質管部負責組織無法檢定或校準的特殊測量設備的比對或重覆性測量；

③鋼卷尺和量杯等易損易耗測量器具只做一次性比對，限期使用；

④生產現場無法拆卸、連續監測用測量設備聯繫外部品質技術監督檢測機構安排計量檢定或校準人員進行現場校準或比對；

⑤帶有測試軟體的測量設備由信息部和使用部門負責人指定專人按說明書/操作手冊進行確認或由計量管理員負責將其送至有關機構進行確認。

⑵測量設備的外部送檢

①強檢測量設備，必須送地方法定計量技術機構(如省、市品質技術監督檢測院或其他具備相應資格的權威機構)進行檢定/校準；

②法定計量技術機構無法檢定或校準的特殊專用測量設備也可送往計量授權，具有校準/比對能力的科研機構進行檢定或校準；

③個別無法送檢或送校的進口測量設備可通過比對，進行系統測量誤差的修正。

⑶測量設備的量值溯源

測量設備的計量確認，包括外部送檢和內部檢定或校準以及利用標準物質或比對，本公司最終應實現所有測量設備的測量結果均能夠通過直接或間接方式溯源到國家基準。要特別注意應對檢定或校準用的計量標準器詳細地記錄其名稱和編號，需要時作爲追溯查詢的依據。

⑷測量設備內部檢定或校準的依據

①由質管部牽頭，產品設計部參與，編寫與本公司已有測量設備有關的

內部校準規範，部份測量設備已經具備標準檢定規程的以標準檢定規程爲準。

②內部校準規範所規定的要求和格式，由熟悉該類測量設備的技術人員或檢定人員編寫，管理者代表校對和審核，報總裁批准後由計量檢定/校準人員執行。

③計量檢定/校準人員必須嚴格按照測量設備檢定規程或校準規範進行檢定或校準，並按規定填寫相關的檢定或校準記錄以及相應的校準合格狀態標識/由質管部計量管理員簽發。

⑸測量設備的現場校準

安裝在生產線上的、不能拆卸的測量設備，聯繫外部品質技術監督檢測機構安排計量檢定員或校準人員應到現場進行校準並填寫相應的測量設備校準記錄，簽發相應的校準合格證，並根據校準結果是否滿足預期使用要求，貼上相應的校準狀態標識。現場校準的測量設備，其校準間隔可按生產設備大修或修理時間作出規定。

⑹測量設備監督抽查

質管部應就測量設備送檢、內部檢定或校準的狀況進行監督抽查，每季不少於 1 次。如發現問題，應責成責任部門及時處理，並做好「測量設備巡廻檢查記錄」。

5.**記錄**

序號	記錄標識	記錄名稱	保存部門	保存期限	是否歸檔
1		測量設備巡廻檢查記錄	質管部	3 年	是

附錄 A

（規範性記錄）

測量設備計量確認過程

圖 A　測量設備計量確認過程

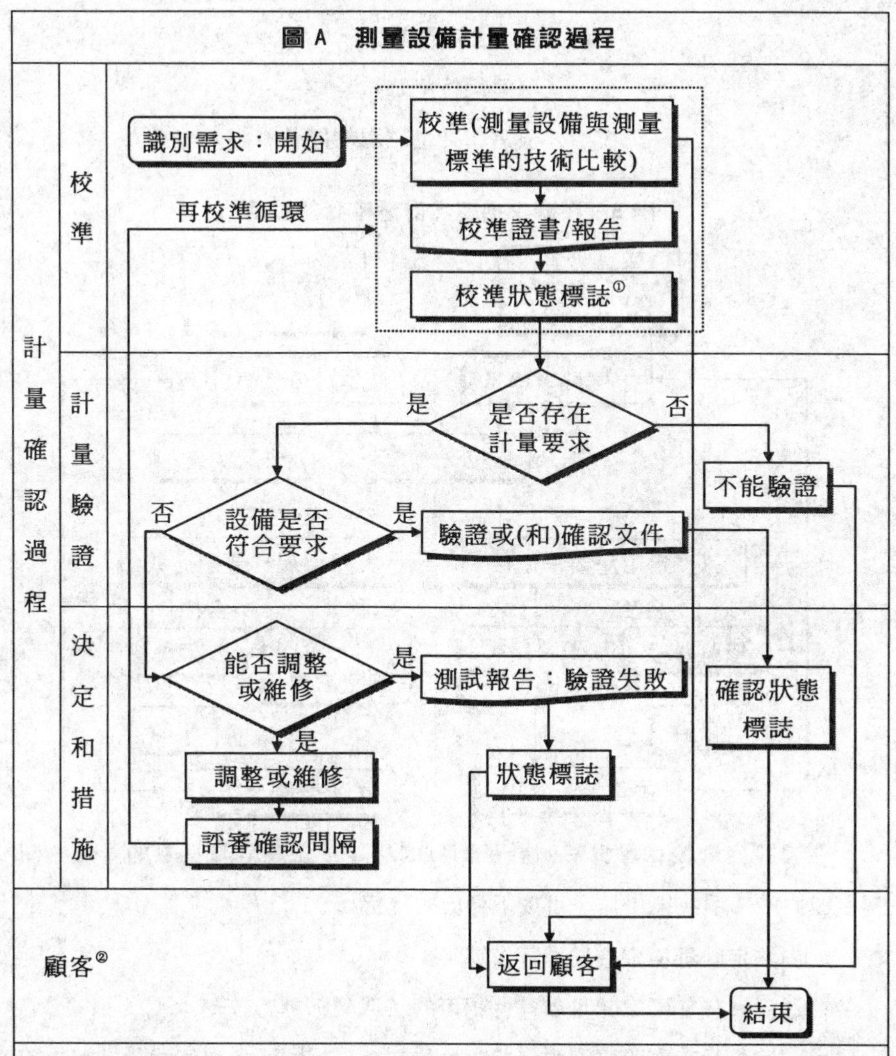

①校準標誌和(或)標籤可用計量確認標誌代替。

②接收產品的組織或個人(消費者、委託人、最終使用者、零售商、受益者和採購方)，顧額可以是組織內部的或外部的(見 GB/T 19000-2000 中 3.3.5)。

附錄 B

（替範性附錄）

校準、檢定和計量確認的關係

圖 B　校準、檢定和計量確認的關係

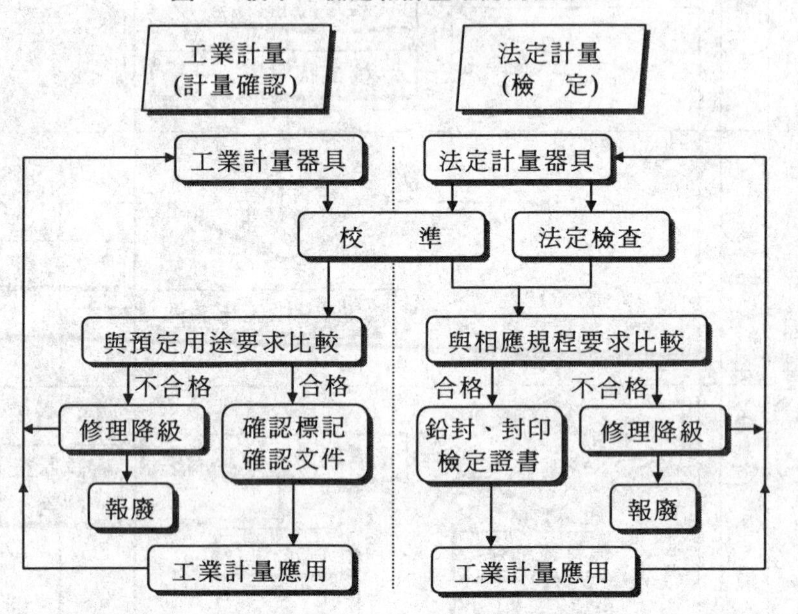

測量設備的校準是爲法制計量器具的檢定或工業計量器具的計量確認提供證據的一項技術工作，可按下列方式進行：

a)由法定計量檢定機構進行校準；

b)通過實驗室國家認可委員會認可的校準機構進行校準；

c)由境外能夠證明可溯源到國際單位制 SI 或國際承認的測量標準的校準實驗室進行校準；

d)通過自己建立的計量標準進行校準；

e)只要財務狀況允許，由製造商提供校準也是辦法之一，尤其是一些進口的檢測設備。

4.包裝、搬運、貯存管理標準

產品包裝管理標準是針對產品的包裝容器、包裝尺寸、包裝材料、包裝技術要求及試驗方案等管理事項所制定的標準；產品搬運管理標準是針對產品實現過程中各工序之間的搬運方式、交接手續、物品標識等管理事項所制定的標準；產品貯存管理標準是針對原材料、半成品或成品入庫、保管、出庫等一系列管理事項所制定的標準。

例 6-8：

物資倉儲管理規定

1.範圍

本標準規定了物資倉儲管理的職責、物資的入庫、出庫和保管、盤點、安全、消防與衛生、報告和記賬。

本標準適用於公司所有的物資倉儲管理。

2.規範性引用文件

下列文件中的條款通過本標準的引用而成爲本標準的條款。凡是註日期的引用文件，其隨後所有的修改單(不包括勘誤的內容)或修訂版均不適用於本標準，然而，鼓勵根據本標準達成協定的各方研究是否可使用這些文件的最新版本。凡是不註日期的引用文件，其最新版本適用於本標準。

3.職責

⑴物資倉儲管理職能部門爲生產部，產成品倉儲管理職能部門爲行銷部，物資倉儲管理協作部門爲財務部。

①物資倉儲管理職能部門工作的職責是：

a)制定物資倉儲的管理制度，並貫徹執行；

b)負責物資的入庫、保管與保養、發放與退庫、日常和臨時物資盤點、安全、消防與衛生等管理工作；

c)根據本制度做好物資出庫和入庫工作，並使物資倉儲、供應、銷售各環節平衡銜接。準確及時地上報各類報表；

d)做好物資的保管工作，如實登記倉庫實物賬，定期清查、盤點庫存物資，做到賬、卡、物相符；

e)積極開展生產餘料的利用工作，協助做好積壓物資的處理工作；

f)做好倉庫安全保衛工作，嚴防一切事故發生，確保倉庫和物資的安全。

②物資倉儲管理協作部門工作的職責是：

a)辦理結算手續；

b)核定儲備資金定額；

c)組織在庫物資的定期盤點；

d)配合生產部編制、修訂或補充物資計劃價格目錄。

4.物資的入庫

⑴原材料、外購件的入庫

①原材料、外購件入庫時暫放待檢區，採購員填寫「原材料、外協件、外購件檢驗通知單」報檢，並提供價格給倉管員。凡在產品上使用的主要原材料、外購件均應收好質保書或合格證，一起交檢驗員驗證。

②檢驗合格後，檢驗員填寫「質檢入庫單」交倉管員，倉管員按「質檢入庫單」驗收入庫，並在「質檢入庫單」上簽字，收據聯返回採購員。

⑵自製件的入庫

①自製件完工後，由生產人員貼上含有圖號、合約號及本批件數等內容的標籤，並向檢驗員報檢。

②檢驗員經檢驗合格後，填寫「質檢入庫單」交報檢部門。

③入庫部門憑「零件加工技術流程卡」和「質檢入庫單」隨物資交倉管員，倉管員經驗收後在「質檢入庫單」簽字，第二聯返回入庫部門。

⑶外協件的入庫

①外協件入庫時，由中轉庫安排進入外協件待檢區並報檢。

②檢驗員經檢驗合格後，填寫「質檢入庫單」交報檢部門。對噴漆件，須貼上含有圖號、合約號及本批件數等內容的標籤。

③按規定入庫。

⑷對入庫物資的品種、規格、圖號、合約號及數量與「質檢入庫單」不符的，倉管員有權拒絕辦理入庫手續。

5.物資的出庫

⑴所有倉庫物資，不論存放庫內或庫外，必須先辦理領料手續後再領用。未經辦理領料手續的所有物資，任何人不得擅自動用。如有違者，酌情扣除當月績效工資。

⑵領用倉庫物資，須憑生產部門的發料清單或經工廠負責人簽字的「領料單」（一式四聯，①存根，②倉庫，③財務，④門衛）發放，倉管員應嚴格把關，不得隨意改變發料品種和數量。

⑶領料人須在「領料單」上簽字。

⑷出庫後發現的不合格品需退庫的，應經檢驗員確認，並出具「不合格品通知單」，倉管員憑此單予以補發。

⑸發往外單位協作加工的材料、零件，必須經中轉庫辦理，中轉庫出具送貨憑單，並設置委託加工登記台賬進行登記。

⑹對領料手續不全的，倉管員有權拒絕發放，特殊情況，須經主管副總或生產部經理批准。

⑺銷售或售後服務人員領料時，須憑部門主管批准和有財務蓋章的「領料單」出庫。

⑻成品庫物資出庫，須憑成品倉庫管理員簽字和財務部蓋章的 QR/G 504-02「產品出庫單」（一式四聯，①存根，②倉庫，③財務，④門衛）。

⑼勞保用品出庫按 Q/TZ G823 執行。

6.物資的保管

⑴倉庫物資出庫時，倉管員應及時在「收撥存記錄」上記錄，確保記錄卡上數據完整、連續。

⑵物資存放位置原則上應固定不變，但需變更時，須同時變更記錄卡及電腦上的倉位號。

⑶同種物品除存放在貨架外，另一部份存放在堆放區的，應在記錄卡註明堆放區號。

⑷對存放在庫房外的庫存物資，倉管員應格外仔細保管，做好醒目標識，經常巡視，一旦發現異樣，立即清點數量。如有少件，立即追查下落，補辦領料手續，並將當事人上報本部門和公司辦，按相關規定處理。

⑸物品應儘量按「五五擺放」原則，擺放整齊，便於清點。

⑹物品應按先進先出原則出庫，以保持庫存物資成新度。

⑺對易燃易爆、化學用品等特殊物品，應指定地點專門保管，並設置明顯標識。

⑻保持倉庫環境清潔衛生，切實做好防火、防盜、防黴、防漏等防範工作，確保財產安全。

7.物資的記賬

⑴倉管員必須在物資出入庫後的當天將單據輸入電腦，確實無法當天輸入的，可於次日上午 10 時前完成。如仍然來不及輸入的，須將未輸入電腦的物資品種及數量告知生產部計劃員。否則，由此誤導生產計劃制定的相關倉管員，將酌情扣除當月績效工資。

⑵同批外購件中有部份不合格的，入庫時倉管員先按全部實數入庫，再開紅字入庫單沖減不合格品數，然後再將不合格品記入「不合格品庫存表」，實物暫時代管。同時通知採購員與供方聯繫處理事宜。

⑶出庫後發現不合格的外購件退庫的，屬供方原因的，倉管員出具紅字入庫單沖賬，並轉入不合格品庫，實物暫時代管，同時通知相關業務員與供方聯繫處理事宜。

⑷不同合約的發料清單和領料單須分別制單，使電腦單據與發料清單和領料單一一對應，便於財務匯總統計。

⑸「質檢入庫單」只有經倉管員簽字後方可作計件工資核算的依據和財務記賬憑證，未經倉管員簽字的「質檢入庫單」不得作爲計件工資核算的論據和財務記賬憑證。

8.記錄

5.服務管理標準

規定服務應滿足的需求以確保其適用性的標準，稱爲服務管理標準。服務指爲滿足顧客需要，供方和顧客之間接觸的活動以及供方內部活動所產生的結果。服務通常是無形的產品，如律師服務、股票交易、諮詢和培訓等。它的表現形式又往往與產品的製造和提供結合在一起的，如餐館提供的食物和飲料、汽車租賃和車輛銷售、自來水公司的供水服務、出售電腦軟體等。

例 6-9：

酒吧收銀員服務管理規範

1.範圍

本標準規定了酒吧收銀員服務的基本要求、注意事項、交流專用語等管理規範。

本標準適用於酒吧收銀員及管理人員的培訓和檢查。

2.術語和定義

下列術語和定義適用於本標準。

⑴服務

服務通常是無形的，並且是在供方和顧客接觸面上至少需要完成一項活動的結果。

⑵要求

明示的、通常隱含或必須履行的需求或期望。

3.崗前準備及崗前儀容

⑴調換好當天用的零鈔，準備好發票、打印紙、找零袋及其他相關工具上崗。

⑵按規定著整潔工作套裝，按規定佩戴工號牌、頭花，頭髮整齊，化淡妝，調整好工作情緒後上崗。

⑶做好其他崗前準備工作，如打開水，洗抹布，上好衛生間。

⑷按時到達工作崗位，動作輕快地整理好工作區域內衛生。

⑸坐姿端正，表情愉快，熱情服務於賓客，積極配合約事，不得在崗位上梳頭、化妝、修指甲等。不得東張西望，不得做影響酒店形象的事情。

⑹上崗後確有事情需要離開，須向總台人員說明並儘快回崗，營業高峰期不得離開。

4.職責

⑴酒店經理負責組織全體收銀員和管理人員學習本規範。

⑵各部門經理負責按本規範要求檢查執行情況，並進行獎勵和懲處。

5.服務內容和方法

⑴服務的基本要求服務時應做到：

①主動熱情；

②禮貌週到；

③面帶微笑；

④態度誠懇；

⑤動作熟練。

⑵服務注意事項

①客人注視時應主動問好或點頭微笑，交流時應面帶微笑。正面注視賓客，語音、語氣悅耳動聽。

②使用交流專用語，多用「您好、請、對不起、謝謝」。

③對於無法辦到的事情應委婉地向客人說明，對於已投訴或有投訴傾向的客人更要動作麻利，主動熱情，虛心傾聽，適時表示道歉，以免引發客人火氣。

⑶交流專用語

①客人需要結賬

──您好！先生/小姐，請部您的包廂號(或席位號/桌號)？

──請稍等一下。

──請稍等一下。結賬需要您包廂的服務員確認一下消費單。

──請稍等一下。服務員正在爲您退多餘的酒水。

──對不起，讓您久等了。

──不好意思，讓您久等了。

②現金收款及找零

a)必須學會和提高辨別現金真僞的技能，不得無故刁難客人和服務員。

──收您現金××元。請稍等！

──這是您的找零，請拿好。

──這是您的找零××元，請拿好，謝謝！

b)收到假鈔。

──對不起，麻煩您幫我換一張好嗎？這張紙幣不能通過我這台驗鈔機，能不能麻煩您換一下；

──這張紙幣我交不掉的，麻煩您換一下好嗎？

—或藉口說找不開。但注意聲音要輕，不能讓客人覺得難堪。

③客人催促

—哦，好的，我儘快！

—好的，我馬上辦！

④客人離開

—謝謝！

—歡迎光臨！

—再見！

⑤客人投訴

如遇到客人投訴，一般按下列方法處理：

a)認真聆聽後，表示明天一定向上級彙報相關情況，並向客人道歉；

b)處理不了的時候，請相關直接上級處理。

6.記錄

消費記錄單、顧客意見單、落實規範檢查單。

6.安全管理標準

生產現場安全管理研究對象是人、機器、環境三者之間相互關係，現場安全的標準一方面要求機器設備本身要達到設備標準、安全標準，另一方面還要求操作機器的人按標準化要求作業。

例 6-10：

安全事故、事件調查和處理規定

1.範圍

本標準規定了公司安全事故、事件調查和處理的工作程序。

本標準適用於公司各部門發生事故和事件的報告、調查及處理過程。

2.規範性引用文件

下列文件中的條款通過本標準的引用而成爲本標準的條款。凡是註日期的引用文件，其隨後所有的修改單(不包括勘誤的內容)或修訂版均不適用於本標準，然而，鼓勵根據本標準達成協定的各方研究是否可使用這些文件的最新版本。凡是不註日期的引用文件，其最新版本適用於本標準。

3.職責

⑴公司總經理是公司安全管理第一責任人，各部門負責人是本部門安全管理第一責任人。

⑵公司全體員工有責任在其活動或服務中遵守法律法規及環境與健康安全文件的要求，防止或減少事故、事件的再發生。

⑶各部門負責人對本部門事故、事件的糾正和預防工作負責。

⑷總經辦對公司的事故、事件的糾正和預防負責，督促有關部門的事故和事件得到及時的糾正和預防，並對完成情況進行檢查。

⑸安全生產委員會是事故綜合管理部門，具體負責事故調查、處理工作。

4.程序

⑴事故的分類和分級

①事故的分類

事故的分類見表A。

表A　事故的分類

劃分依據	劃分類別	事故報告
企業事故發生的性質	火災事故 在生產過程中，由於各種原因引起的火災，並造成人員傷亡或財產損失的事故	報火警、安委會、製造中心、門衛

企業事故發生的性質	爆炸事故 在生產過程中，由於各種原因引起的爆炸，並造成人員傷亡或財產損失的事故	報火警、安委會、製造中心、門衛
	設備事故 由於設計、製造、安裝、施工、使用、檢維修、管理等原因造成機械、動力、電訊、儀器(表)、容器、運輸設備、管道等設備及建築物損壞造成損失或影響生產的事故	安委會、技術裝備部、製造中心、門衛
	生產事故 由於指揮錯誤、違反技術操作規程和紀律或其他原因，造成停產、減產、環境污染等的事故	製造中心、安委會
	交通事故 車輛在行駛過程中，由於違反交通規則或因機械故障造成車輛損壞、財產損失或人員傷亡的事故	廠外交通事故應先報當地交通部門，廠內交通事故報物流部和安委會
	人身事故 除上述五類事故外，職工在過程中發生的與工作有關的人身傷亡或急性中毒事故	應在保護好事故現場的同時，迅速搶救受傷或中毒的人員，撥急救電話，並採取防止事故擴大的措施

②事故的分級

根據公司危險源和風險的性質，參考關於事故的分級標準，公司內按事故的嚴重程度將事故劃分爲四級：輕傷事故、重傷事故、死亡事故、重大死亡事故，見表 B。

表 B　事故的分級

級別劃分依據	事故級別	劃分範圍
企業事故嚴重程度	輕傷事故	指損失工作日爲一個工作日以上(含 1 個工作日)，105 個工作日以下的失能傷害
	重傷事故	失能天數在 105～6000 個工作日的傷害
	死亡事故	當時死亡或負傷後一個月內死亡的事故(1～2 人)
	重大死亡事故	一次事故死亡 3～9 人的事故

③重傷標準

④人身事故損失計算

⑤損失工作日

⑵事故的報告

①事故發生後，事故當事人或發現人要立即採取措施，同時直接或逐級報告總經理。

②總經理接到重傷、死亡、重大死亡事故報告後，應當立即報告企業主管部門和企業所在地安全生產行政主管部門。

⑶事故應急

制定相應的應急預案，對發生人員傷亡、中毒、火災、爆炸事故實行應急管理。

⑷事故調查與分析

①安委會爲事故綜合管理部門，負責各類事故的匯總、統計和上報工作，監督各類事故的調查處理情況，負責事故管理的考核工作。

②事故調查權限

事故調查權限見表 C。

表 C　事故調查權限

事故級別	責任調查部門
輕傷事故	安委會、工會會同有關職能部門成立事故調查組，負責事故調查及處理工作
重傷事故	總經理、管理者代表、安委會、工會會同有關職能部門成立事故調查組，負責事故調查及處理工作
死亡事故	公司有關人員配合外部機構進行調查
重大死亡事故	公司有關人員配合外部機構進行調查

③事故調查組

a)事故發生後，應立即成立事故調查組，著手事故調查。

輕傷或重傷事故調查組

組長：總經理或安委會主任

副組長：管理者代表或安委會副主任

成員：

工會：一名人員

安委會：一名專業人員

發生事故部門：部門責任者　一名專業人員

b)人員資質

・對相關法律法規要求清楚；

・具有相關的專業特長、知識、或受過相關的培訓，清楚事故調查的程序；

・具有相關經驗和調查的技巧；

・與所發生的事故無直接利害關係；

・具有認真負責、實事求是的品德。

c)職責

・查明事故原因、過程和人員傷亡、損失情況；

・確定事故級別、事故責任者；

・提出事故處理意見、防範措施和建議；

・寫出事故調查報告。

d)權限

調查組有權向發生事故的有關部門和事故有關人員瞭解情況和索取有關資料，任何部門和個人不得推諉、阻撓或拒絕。

④事故調查

事故調查要求按表D進行：

表D　事故調查要求

序號	項　　目	主要要求
1	調查內容	a)事故發生的時間、地點、經過、原因、責任情況 b)死傷者姓名、性別、年齡、工種、工齡、職稱職務、受教育和技術培訓情況、受傷部位、死亡原因 c)人證、物證、旁證、事故前的情況、事故中的變化、事故後的狀況
2	調查方法	a)現場勘察 b)物證收集 c)人證材料收集 d)背景資料

3	事故分析	a)整理分析有關證據、資料 b)確定事故發生的時間、地點、經過 c)採用 ETA、FTA 等方法確定事故的直接原因和間接原因 d)事故責任分析
4	提出預防措施	a)工程技術措施 b)教育培訓措施 c)管理措施
5	編制事故報告	a)事故基本情況 b)事故經過 c)原因分析 d)事故教訓及預防措施 e)事故責任分析及對事故責任者的處理意見 f)附件

⑤事故處理

a)事故處理堅持「四不放過」的原則(即事故原因不清不放過；事故責任人和群眾沒有受到教育不放過；事故責任不明不放過；糾正、預防措施不落實不放過)。由安委會對相關責任單位和責任人進行處理，制定相應防範措施，並在實施前進行風險評估。並按照 Q/TZ G901.29 對相應的糾正、預防措施進行檢查、跟蹤、驗證。

b)因忽視安全生產、違章指揮、違章作業、違反紀律、怠忽職守或者發現事故隱患、危險情況不採取有效措施、不積極處理以致造成事故的，按公司有關規定，對部門負責人和事故責任者給予行政處分；構成犯罪的由司法機關依法追究刑事責任。

c)凡是與外單位發生業務關係的過程中發生事故，造成損失的，追究有關負責人的管理責任。

d)對下列人員必須嚴肅處理：

・對工作不負責，不嚴格執行各項規章制度，違反紀律、造成事故的主要責任者；

・對已列入安全技術措施和隱患整改項目不按期完成，又不採取措施而造成事故的主要責任者；

・因違章指揮，強令冒險作業，或經勸阻不聽而造成事故的主要責任者；

・因忽視條件，削減保護技術措施而造成事故的主要責任者；

・因設備長期失修、帶病運轉，又不採取緊急措施而造成事故的主要責任者；

・發生事故後，不按「四不放過」原則處理，不認真吸取教訓，不採取整改措施，造成事故重覆發生的主要責任者。

⑥事故彙報

a)彙報人員要求：

發生輕傷事故，由部門經理在工作例會上進行彙報；發生重傷、死亡及以上事故，由安委會主任(或常務副主任)在公司行政例會彙報。

b)彙報材料要求：

在公司例會上彙報：事故、事件調查、處理報告、事故現場圖片。

⑦事故統計

a)工傷事故按《企業職工傷亡事故分類》(GB 6441)第 6 條統計。

b)安委會及時進行事故統計、分析、進行事故彙編，年終匯總。

c)事故統計內容包括：事故發生時間、地點、經過、原因、教訓、防範措施、責任人、責任處理等。

7.環境管理標準

爲避免或減少有害的環境影響，企業應從產品開發、資源利用、生產活動直到廢棄物處置等各個環節，採取控制污染和合理利用資源的各種可行的管理手段和技術措施。環境不能簡單地認爲是某一企業的問題，諸如大氣污染、海洋污染、臭氧層破壞之類的問題，都是全球關注的問題。

例 6-11：

固體廢棄物管理規定

1.範圍

本標準規定了公司產生廢棄物的分類、收集、保管及處置辦法。本標準適用於公司範圍內產生廢棄物的管理。

2.規範性引用文件

下列文件中的條款通過本標準的引用而成爲本標準的條款。凡是註日期的引用文件，其隨後所有的修改單(不包括勘誤的內容)或修訂版均不適用於本標準，然而，鼓勵根據本標準達成協定的各方研究是否可使用這些文件的最新版本。凡是不註日期的引用文件，其最新版本適用於本標準。

3.職責

⑴各部門負責進行本部門所產生的固體廢棄物的收集、分類工作。

⑵行政部負責全公司所產生的固體廢棄物的處理工作。

4.程序

⑴固體廢棄物的來源爲：在公司活動、產品、服務中產生的所有固體廢棄物(如邊角料、生活垃圾、辦公廢棄物等)。

⑵固體廢棄物的分類，如圖 A。

⑶固體廢棄物的收集、分類、存放、標識

①各部門按要求設置有明確標識的固體廢棄物收集處。

圖 A

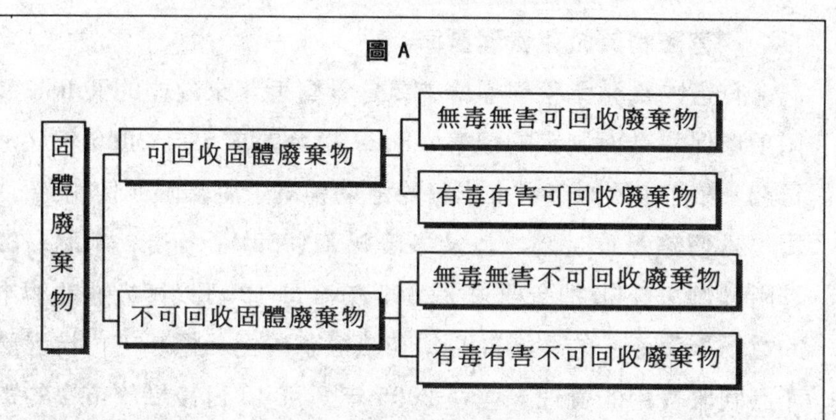

②固體廢棄物應按「固體廢棄物分類處理表」嚴格分類、劃分相應的存放區域，合理堆放。

③有毒有害廢棄物單獨放置在密閉容器內或對其進行全封閉，並註明「有害」字樣。

⑷固體廢棄物的處理

①可回收無毒無害固體廢棄物由行政部負責處理。

②不可回收無毒無害的固體廢棄物的處理：由行政部委託有資格的垃圾清運單位處理，並與其簽訂協議。

③不可回收有毒有害的固體廢棄物的處理：必須執行有關法規，利用密閉容器存放，防止二次污染。清運應委託具有有毒廢棄物處理資質的單位進行處理，並出具相關證明。

④上述處理方法所涉及的相關方。

⑸固體廢棄物控制監督

①各部門每季對固體廢棄物的收集、分類、存放、處理進行監督檢查，並填寫「固體廢棄物處理記錄表」，發現不符合項執行。

5.**記錄**

8.**有害物質減免管理標準**

有害物質減免管理標準主要是針對近年來歐盟的 RoHS、WEEE 兩項環保指令而制定的標準。RoHS 指令要求，自 2006 年 7 月 1 日起，所有在歐盟市場上出售的電氣和電子產品限制使用鉛、汞、鎘、六價鉻等重金屬，以及多溴聯苯(PBB)、多溴二苯醚(PBDE)等阻燃劑。WEEE 指令要求，2005 年 8 月 13 日以後投放歐盟市場的電子電氣產品的製造商必須在法律意義上承擔起支付自己廢舊產品回收費用的責任，並在 2005 年 8 月 13 日後投放市場的電子電氣產品上加貼回收標誌。

例 6-12：

物料認可管理規定

1. **RoHS 供方評價的基本要求**

⑴對 A 類 RoHS 供方

①對企業的基本情況進行調查，必要時進行現場審核或對其樣機進行檢驗；

②對企業的基本情況進行綜合評價，主要是生產能力和質保能力及價格；

③檢驗其提供的樣品；

④要求每批都提供合格的證明。

⑵對 B 類 RoHS 供方

①對其組織的基本情況進行調查，或依據組織歷史供貨業績進行評價，調查的方式可以比 A 類簡單；

②對其組織的基本情況進行綜合評價；

③要求其每批都提供合格證明。

⑶對 C 類一次性購買數量較少物資的 RoHS 供方

①在採購前由採購員對實物及其資料進行評價；

②要求提供合格證明。

(4) RoHS 供方評價的基本方法

①對其企業進行現場評價；

②對其質保能力進行評價或要求其提供品質管理體系證書；

③對其提供的資料進行評價或對其歷史供貨情況進行評價；

④對其提供的樣品進行檢驗；

⑤對比其他用戶的使用經驗。

(5) RoHS 供方的控制

ABC 類供應商送樣時需附以下資料：

①指定第三方檢測機構(SGS/TUV/ITS)最新的《檢測報告》。《檢測報告》的有效期爲一年；

②材料老化物質成分調查表；

③可靠性實驗報告(由電子材料供應商提供)；

④認可書；

⑤ MSDS 清單(由易燃易爆材料的供應商提供)；

⑥符合 RoHS 要求的樣品。

評價方法可以是以上的一種或多種組合。

2. RoHS 供方的確定和控制

(1) RoHS 供方的確定

在採購部對 RoHS 供方的基本情況進行評價完畢後，將其整理的資料和評價的結果報分管副總審批，審批後由採購部負責對外公佈本公司合格 RoHS 供方的名單，並按「一戶一檔」制建立合格 RoHS 供方檔案。

(2) RoHS 供方的控制

①對 A 類 RoHS 供方由採購部負責與其簽訂採購合約，並在採購合約中

規定技術品質條款，並對其每批供貨的基本情況予以記錄和控制。當一次出現進貨驗證嚴重不合格，則勒令其停止供貨並限期整改，連續二次出現嚴重不合格或一次嚴重不合格或整改不到位的取消其供貨資格；

②對 B 類 RoHS 供方由採購部負責與其簽訂採購合約，在合約中明確品質要求，對其每次供貨情況進行記錄和控制。當出現連續二次進貨驗證嚴重不合格，則勒令其停止供貨並限期整改，連續出現三月次嚴重不合格或二次嚴重不合格其整改措施無效，則取消其 RoHS 供貨資格；

③對 C 類 RoHS 供方，出現驗證不合格時，則退貨。

3.**記錄**

五、企業工作標準的制定

技術標準、管理標準乃至基礎標準只在落實到企業職工的工作標準中去，才能得到認真地實施。同時，實施企業工作標準，可以使企業內各個崗位的工作之間互相銜接、協調，形成一個以企業精神和企業目標爲核心的全員標準保證系統，從而制約、規範企業職工的工作行爲，建立良好的工作秩序，充分發揮企業整體優化的優勢，又可正確有效地考查企業職工工作質量，以工作質量保證產品或工程質量。

作業指導書是有關日常如何實施和記錄的詳細描述，它可以是流程圖、圖表、模型、圖樣中的技術註釋，設備操作手冊、圖片、錄影檢查清單，也可以是規範或它們的組合。

當作業指導書是工作/作業/服務崗位的規範時，就是企業工作標準。近些年來，越來越多的企業已著手編制企業工件標準。

(一)企業工作標準的定義與對象

對企業標準化領域中需要協調統一的工作事項所制定的標準稱爲企業工作標準。

上述「工作事項」，一般是指與企業職工所擔負的崗位工作中出現的穩定性、重覆性工作事項。不穩定的或非重覆性工作事項一般不寫入工作標準中。

企業工作標準依據崗位的工作性質不同，又可分成三類：

⑴一類是適用於管理崗位的，對管理工作事項所制定的企業工作標準；

⑵一類是適用於操作或作業崗位的，對操作或作業事項所制定的企業作業標準或崗位操作規程；

⑶一類是適用於交通運輸、商場飯店、廣播、郵電、通訊、銀行、旅遊以及工業企業的食堂、後勤等服務工作崗位的，對服務事項所制定的服務標準或服務規範。

但無論是那類企業工作標準，其適用對象都是「人」，是在某個崗位上工作(作業或服務)的人。

而作業指導書一般是作業的工作標準，或者是工作/作業/服務過程的過程標準。

(二)工作標準是衡量企業員工的基本依據

工作質量就是一組滿足工作要求程度的固有特性，一般就是工作行爲時間及其他定量或定性比較的可區分的特徵。工作質量一般也由兩個部分組成：一部分是工作標準規定的重覆性工作部分，一部分是企業職工發揮主觀能動性，進行創造性勞動的部分。只不過由於工作崗位的不同，這兩部分在每個崗位的工作質量中比例有所不同而已。

這就是說，企業工作標準是衡量企業職工工作質量的基本依據，每個企業應該把每個工作崗位上的一些穩定的重覆性工作事項制定爲企業工作標準，並以此作爲企業職工崗位培訓教育的重要內容，使企業職工理解、掌握自己的工作標準，並認真嚴格地實施，從而保證工作井然有序，有條有理。在某種程度上可以說，沒有工作標準，沒有嚴格的標準化管理，就沒有第一流的職工隊伍，也沒有第一流的企業。

但是，企業工作標準並不是企業職工工作質量的唯一依據，他們的工作質量除了達到工作標準中規定的工作要求外，還要滿足本職工作中各種潛在的要求，而達到這些要求，就需要職工發揮主觀能動性，以高度的工作責任感進行一些創造性的勞動，也只有這樣才能使他(她)們的工作高效率、高質量。

所以，每個企業既要認真制定企業工作標準，使企業職工在工作中有「標」可依，同時，又必須加強政治思想工作，關心和愛護職工從而充分激起職工的勞動積極性和主觀能動性，創造性地做好本職工作。

(三)制定工作標準作業指導書的前提條件

企業不能依照現行工作狀況制定工作標準，要使企業工作標準受廣大企業職工歡迎，就必須在制定企業工作標準之前，首先做好以下兩項工作：

1.合理地確定工作路線和工作崗位

爲了使企業內各項工作井然有序，配合協調，物流、車流和人流流向合理，不交叉，不雜亂，就要科學地確定和佈置工作路線。

為了激勵企業職工努力工作，克服苦樂不均等不合理現象，就要依據工作數量、工作複雜程度及工作責任或風險大小等多方面因素，合理地確定工作崗位。

然後，再按「崗定標、選標選人」，促進企業職工平等競爭，各盡所能，按勞取酬，這樣既可以正確地貫徹社會主義各盡所能、按勞分配的原則，又能有效地激勵職工不滿足於只達到工作標準，而發揚精益求精、無私奉獻的精神。

2.運用工業工程(IE)等科學方法優化崗位工作作業或操作事項提高工作效率

工業工程(IE)是研究由人、物、設備、能源和資訊等要素組成的綜合系統設計、改善和控制方法的工程技術。

IE 是工業化的產物，起源於美國的泰勒科學管理，早期的 IE 實際上就是以時間研究和動作分析為主要內容的科學管理方法，旨在改善作業方法，提高勞動效率，降低生產成本。

現代 IE 已吸取了系統工程、運籌學、電腦科學、人類工效學等現代化管理科學技術，成為一種綜合性的系統整體優化技術。

運用 IE 制定企業工作(作業)標準，可以簡化、優化操作方法，提高工作效率，獲取明顯的經濟效益，因此，被世界勞工組織所提倡。

(四)企業工作標準指導書的編寫方法

1.編寫企業工作標準的基本要求

結合企業工作標準的特點，應遵循下列四項基本要求：

(1)應充分體現崗位上應實施的基礎標準、技術標準、管理標準及管理制度的要求，並具體明確地規定。

①幹什麼；

②怎麼幹；

③幹到什麼程度，即提出工作質量、數量和期限要求。

⑵充分發動廣大職工，廣泛徵求大家意見，群策群力，保證企業工作(作業)標準的正確性和可行性。

起草和編寫企業工作標準可以採取下列三種方式：

①由執行工作者來起草，誰管誰審核；

②上級起草下級崗位工作標準，同時充分徵求下級意見；

③上下結合起草和編寫。

無論採用上述那種方式，都必須認真徵求被編寫崗位職工和相關崗位職工的意見，在充分協商一致的基礎上編寫工作標準。

⑶重點抓好生產現場工作崗位及生產、技術和經營管理崗位的工作(作業)標準。

⑷工作(作業)標準內容必須有側重點，主要控制那些直接影響產品或工程質量的工作要求或容易導致質量失控的難點。

同時應考慮到企業工作標準是以企業職工爲主要對象，是作爲企業職工工作質量的考證依據，必須要求其內容正確、簡明、具體、易懂、實用，使企業職工能熟練地掌握，準確地實施且便於檢查與考核。

2.企業工作標準/作業指導書的構成與內容

⑴構成及其編排順序

對企業工作標準的構成內容應明確規定：

①該崗位所承擔的職責與任務；

②每項任務的數量、質量與完成期限；

③完成任務的流程與方法；

④與相關崗位的協調配合方法；

⑤資訊傳遞方式；

⑥檢查與考核辦法。

作業指導書的結構、格式以及詳略程度應適合於企業中員工使用的客觀需要，並取決於活動的複雜程度、使用方法、實施的培訓以及員工的資歷和技能。如作業指導書是作業或服務規範時，應按上述企業工作標準的結構編寫。

企業工作標準/作業指導書的規範性技術要素結構及其編排順序見圖 6-3。

圖 6-3　編排順序

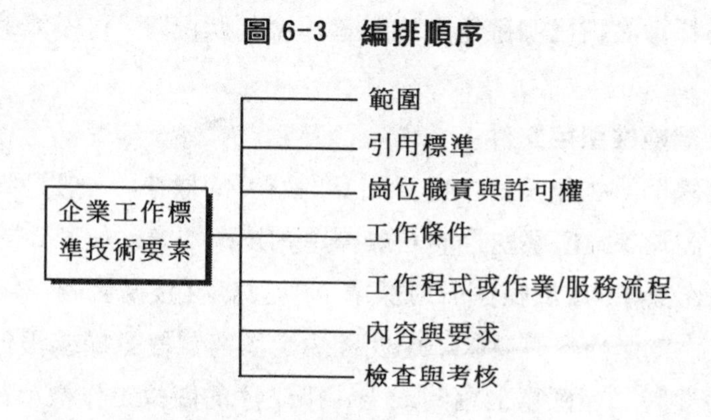

近來，有些地區和部門的企業單位又在企業工作（作業）標準正文部分，添加了任職資格或上崗條件（即崗位人員的素質要求），從而使企業工作標準與企業人力資源管理、業務培訓教育「三位一體」，創造了新經驗。

⑵**內容編寫方法**

①**標準名稱**

企業工作標準的名稱應依據崗位的特性分別寫明：

• 「×××(管理崗位名稱)工作標準」;

•「×××(操作崗位名稱)各企業標準或操作規程」或「××作業指導書」;

• 「×××(服務崗位名稱)服務標準或服務規範」或「××服務指導書」;

對一類崗位通用的工作標準名稱可寫成:

• 「×××(崗位名稱)通用工作標準」等。

②範圍

依據規定,簡明扼要地規定標準的主題內容與適用崗位狀況。

當標準名稱已明確地指出其適用崗位狀況時,可不寫適用範圍。

③規範性引用文件

應寫明該工作標準中應採用(即執行)的標準,一般是通用工作標準,及該崗位應執行的基礎標準和技術標準。如某企業在質檢員工作標準的「規範性引用標準」中編寫了《技術製圖　字體》。以便在「工作內容與要求」中明確規定填寫質檢記錄或報告時。

必要時,還應寫上相關或上、下工序的崗位工作標準。

④崗位職責或任務

應用簡明扼要的方案清楚地規定該崗位的職責、許可權或主要工作任務。

⑤工作(作業)流程

一般應採用方框圖或流程圖表述該崗位的工作順序。主要的工作(作業)環節應用框圖或用國內外通行規定的資訊處理流程圖圖形符號標明,並可插加一些簡短的說明性文字。

⑥工作內容與要求

應按上述編寫企業工作標準的基本要求，用文字、圖形或表格等簡明易懂的形式，寫明工作流程圖上各環節的內容及其要求。

⑦檢查與考核

應該寫明對崗位工作的檢查方法和考核指標。

生產崗位的作業標準的考核指標，應寫明產品質量、產量、消耗及設備管理等方面的指標。

管理崗位的工作標準的考核應與目標管理緊密掛鈎，並用量值化資料如任務完成率分數等定量表。

3.企業工作標準的編寫格式

由於各類企業的產品結構、生產規模、設備條件、人員素質等都不相同，各企業應當創新一套符合本企業特點的不同格式的企業工作標準。同時也應允許一個企業根據各類崗位的特點規定若干種不同的企業工作標準。

目前，企業工作標準的格式大概有以下四種：

⑴條文敍述式

這種形式的企業工作標準一般都按標準格式逐章逐條編寫。如鋼鐵公司、化學工業公司等企業的工作標準都採用了這種方式。其中鋼鐵公司的工人作業標準正文部分編寫內容歸納如下：

①範圍；

②引用文件；

③崗位職責；

④上崗人員素質要求；

⑤作業流程圖；

⑥作業內容與要求表；

⑦事故和故障處理的報告；

⑧相互關係與資訊傳遞；

⑨檢查與考核。

⑵表格排列式

爲了使企業工作標準表述形式簡明、扼要、實用，有些地方推薦採用表格排列式的企業工作標準。如技術監督部門制定發佈的《制定管理標準和工作標準的一般規定》中就按表 6-3 格式作爲企業工作標準的主體。

表 6-3　×××(崗位)工作標準

序號	崗位職責或工作項目	工作內容與達到的要求	額定分數	考核方法

⑶圖表展示式

近年來，有些水泥、制藥等過程性工業企業，爲了使企業工作標準進一步具體、實用，適應自動化封閉生產的特點，創新了圖表展示式的企業工作標準編寫格式。

如水泥廠創造的《規範化工作法》中的工人工作標準，實際就是工人工作標準與看板管理相結合的圖表展示式企業工作標準。

當然，應該指出，這種圖表展示式企業工作標準一般較適用於自動化程度較高的過程性工業企業。

⑷活頁卡片式

例如鋼鐵企業的工作標準（又稱崗位規程）是活頁卡片式。它由下列內容的五張卡片組成：

①安全；

②操作（要領）；

③管理項目；

④信息；

⑤異常處理。

這種方式的企業工作標準簡明扼要，便於實施和修改，較爲實用方便。

儘管企業工作標準在遵循基本要求前提下可以有各種形式或格式，但同一個企業同一類崗位的工作（作業）標準編寫格式應該規範化。

隨著企業標準化的發展，會創新出更多的科學、實用、簡便的企業工作標準形式。

六、工作標準的範例

按照工作標準體系的結構形式，可分爲三類工作標準：

一是決策層工作標準，其中分爲最高決策者工作標準和決策層人員工作標準；二是管理層工作標準，其中包括管理人員通用工作標準、中層管理人員工作標準和一般管理人員工作標準；三是操作人員工作標準，其中包括操作人員通用工作標準、操作人員（崗位）工作標準和特殊過程操作人員工作標準。

(一)決策層工作標準

1.最高決策者工作標準範例

由於參照系不同，企業最高決策者是相對而言的。如一個大型企業的決策層一般指董事長、總經理等。而分廠的廠長，可作爲該大型企業中的管理人員，又可作爲分廠的決策者。

例 6-13：總經理工作標準

總經理工作標準

1.範圍

本標準規定了總經理的職責與權限、工作要求與內容、任職資格、檢查與考核方式等。本標準適用於總經理的崗位和對該崗位的檢查和考核。

2.規範性引用文件

下列文件中的條款通過本標準的引用而成爲本標準的條款。凡是註日期的引用文件，其隨後所有的修改單(不包括勘誤的內容)或修訂版均不適用於本標準，然而，鼓勵根據本標準達成協定的各方研究是否可使用這些文件的最新版本。凡是不註日期的引用文件，其最新版本適用於本標準。

3.職責

⑴貫徹執行法規，執行上級頒發的各種文件、規定。

⑵負責組織制定公司中長期發展規劃。

⑶實現公司管理規範化、制度化和標準化。

⑷協調副總經理之間的工作關係，對跨專業、工作交叉的問題進行最終決策。

⑸直接負責公司計劃、安全、人力資源等工作。

⑹對年度的經營管理工作指標負責。

⑺對企業整體經營狀況負責。

⑻對企業整個管理水準的提升負責。

4.**權限**

⑴對公司的安全生產和各項工作有指揮權。

⑵有對企業管理事宜的決策權。

⑶有行政、業務和財務的審批權。

⑷有人事任免、考核、獎懲權。

⑸對企業重大的經營業務有建議權。

5.**工作要求與內容**

⑴執行公司章程，對董事會負責並報告工作。

⑵全面負責公司的經營管理工作。

⑶組織和制定公司年度經營、生產、技術、財務、人事、勞資、福利等計劃，報董事會批准實行，主持制定公司年度預、決算報告。

⑷根據董事長的授權，代表公司對外簽署合約和協議。

⑸定期向董事會提交經營計劃工作報告、財務報表等。

⑹向董事會提名任免公司高級職員、部門經理。

⑺任免和調配下屬經理以及管理人員、財務人員、業務員等。

⑻決定員工的獎懲、定級、升級、加薪、招工、調工(幹)、聘用或解聘辭退。

⑼提出聘用專業顧問人選，報董事會批准。

⑽提出機構設置、調整或撤銷的意見，報董事會批准。

⑾簽發日常行政、業務和財務等文件。

⑿由董事會或董事長授權處理的有關事宜。

6.**任職資格**

⑴大專以上學歷或中級職稱，企業管理、MBA、管理或相關專業。

⑵八年以上大型企業或外資企業管理同職工作經驗。

⑶具備良好的企業策劃能力、前瞻能力、組織能力、溝通能力和協調

能力。

(4)具備精於授權，敢於判斷，勇於創新，敬業意識強。

7.檢查與考核

按 Q/TZ G109 執行。

2.決策層人員工作標準範例

決策層除包括最高決策者以外，還包括參與公司決策的其他高層人員，如副董事長、副總經理、總工程師等，對這部份崗位應分別制定其工作標準。

(二)管理層工作標準

1.管理人員通用工作標準範例

管理人員一般泛指決策層與操作人員之間的管理人員，包括部門經理、工廠主任以及部門專職人員，該管理層又可分爲中層管理人員和一般管理人員兩類，無論那一類，都應執行《管理人員通用工作標準》。

例 6-14：公司管理人員通用工作標準

管理人員通用工作標準

1.範圍

本標準規定了中層管理人員通用的職責與權限、工作內容及要求、任職資格、檢查與考核方式等。

本標準適用於中層管理人員的崗位和對該崗位的檢查和考核。

2.規範性引用文件

下列文件中的條款通過本標準的引用而成爲本標準的條款。凡是註日期的引用文件，其隨後所有的修改單(不包括勘誤的內容)或修訂版均不適用於本標準，然而，鼓勵根據本標準達成協定的各方研究是否可使用這些文件的最新版本。凡是不註日期的引用文件，其最新版本適用於本標準。

3.職責

⑴服從組織的分配和調動，聽從上級的指揮。

⑵嚴格按照所在崗位的工作標準進行工作。

⑶自覺遵守紀律，有事向主管請假。

⑷認真完成本職工作及上級交辦的任務。

⑸嚴格遵守工作紀律和保守公司秘密。

⑹對本部門人員的培訓教育負責。

⑺做好本部門各崗位的組織、指揮、協調、督促工作，對因自己工作不到位而給企業造成的影響與損失負領導責任。

4.權限

⑴有權向有關職能部門瞭解與本部門有關的數據、資料。

⑵有權對本部門下發的或與本部門管理內容有關的制度的執行情況進行檢查、監督，並對違反者有權制止並提出意見。

⑶有權參加與本部門管理內容有關的會議。

⑷對公司下達的工作指令、計劃如有與實際不符的情況，有權提出意見和建議。

⑸有權指導、監督、檢查、考核本部門人員的工作情況。

⑹有權對本部門人員的崗位變動提出自己的意見，並在職權範圍內進行調整。

⑺有權召開本部門的各種會議。

⑻有權審簽職權範圍內的各種報表及文字材料。

⑼有權依據考核的規定，對本部門表現出色的人員進行表彰，對違紀人員進行處罰。

5.**工作內容與要求**

⑴執行政策與貫徹制度

①認真貫徹執行方針、政策和法令。

②按照上級指示、文件精神，結合本廠具體情況，把有關內容貫徹落實到各項制度中去，貫徹到各類人員工作標準中去。

③模範地執行一切規章制度、規定和條例。

④嚴格遵守財經紀律，認真執行財務政策。

⑤根據工作需要，服從組織調動。

⑵業務管理與建設

①熟悉和掌握本部門及其下屬主要機構的業務範圍，成爲業務的內行，以便領導工作。

②要求所在部門及其下屬機構，均已建立正常的生產秩序和工作秩序。

③主持開展方針目標管理，按 PDCA 工作循環編制部門的方針展開圖。

④建立部門管理標準和各類人員工作標準，逐步實現各項管理工作的標準化和程序化，推動和保證各項工作的開展。

⑤組織開展產品水準評價分析工作。

⑶工作方法與作風

①要以身作則，並善於啓發、引導和教育本部門的人員。

②要實事求是，正確領導，講究實效。

③要善於團結和依靠群眾，善於激發員工的積極性、主動性，化消極因素爲積極因素。

④以身作則，作員工的表率。

⑷組織觀念與組織紀律

①要嚴肅認真地執行黨的決議，執行上級單位的決定，積極完成上級交給的任務。

②嚴格遵守法律，執行廠規廠紀，同各種違法亂紀行爲進行堅決鬥爭。

⑸積極做好各類人員的學習培訓工作，以適應各工作崗位的需要。

⑹要重視情報的搜集和整理工作，加強管理，逐步建立和健全信息回饋系統。

⑺認真貫徹安全生產和消防制度。

⑻經常教育本部門職工，既要做好本職工作，又要緊密配合協作，共同完成本部門的各項工作任務。

6.任職資格

⑴掌握與自己崗位、專業相關的政策、法律法規和行業法規。

⑵具有一定的企業管理經驗，能夠協調好部門與部門之間、專業之間的關係。

⑶具有一定的決策能力，能夠對一些重點問題進行科學預測，進而作出科學的決策。

⑷有較強的語言、文字表達能力，熟練掌握一般公文的書寫格式，並能獨立撰寫一般性的經驗總結材料。

7.檢查與考核

2.中層管理人員工作標準範例

中層管理人員一般指管理層中的部門負責人，例如部門經理、工廠主任，也包括副職在內。

例 6-15：某公司生產部經理工作標準

生產部經理工作標準

1.範圍

本標準規定了生產部經理的職責與權限、工作內容與要求、任職資格、檢查與考核方式等。

本標準適用於生產部經理的崗位和對該崗位的檢查和考核。

2.規範性引用文件

下列文件中的條款通過本標準的引用而成爲本標準的條款。凡是註日期的引用文件，其隨後所有的修改單(不包括勘誤的內容)或修訂版均不適用於本標準，然而，鼓勵根據本標準達成協定的各方研究是否可使用這些文件的最新版本。凡是不註日期的引用文件，其最新版本適用於本標準。

3.職責

⑴對在計劃內未能完成的任務、指標或計劃負責。

⑵對生產管理的提升有建議權。

⑶對下屬員工有調度、檢查、監督、獎懲、考核權。

⑷對各類生產計劃有審批權。

⑸對下屬員工一天假期的批准權。

4.權限

⑴對本工廠的生產計劃、工作任務按時完成負責。

⑵對本工廠的生產成本及品質控制負責。

⑶對生產現場的有序性、安全性負責。

⑷對 5S 的有效運行負責。

⑸對下屬員工工作分配的合理性負責。

5.工作內容與要求

⑴負責組織編制年、月和日生產計劃(含但不限於作業排序計劃、產能計劃、庫存計劃、物料採購計劃、外協計劃、設備維修計劃)，並組織實施、檢查、協調、考核。

⑵組織生產、設備、安全、環保等管理標準的擬訂、檢查、監督、控制及執行。

⑶參與工廠的改造計劃的設計，進行產品技術佈局和工序間的協調。

⑷密切配合行銷部門，確保訂單產品合約的履行。

⑸參與技術部門技術管理標準的審定，生產技術流程的編制，新產品開發方案的審核，並進行試生產。

⑹負責組織生產現場 5S 管理工作，進行 5S 管理的實施、檢查、協調、考核。

⑺負責抓好生產安全教育，加強安全生產的控制、實施、嚴格執行安全法規、生產操作規程，即時監督檢查，確保安全生產，杜絕重大火災、設備、人身傷亡事故的發生。

⑻及時編制並上報生產統計報表。認真做好生產統計核算基礎管理工作，重視原始記錄、台賬、統計報表管理工作，確保統計核算規範化、統計數據的正確性。

⑼抓好生產統計分析報告工作。定期進行生產統計分析、經濟活動分析報告會，總結經驗、找出存在的問題，提出改進工作的意見和建議，爲公司領導決策提供專題分析報告或綜合分析資料。

⑽負責做好生產設備維護檢修工作。結合生產任務，合理的安排生產設備維修計劃，確保設備維護保修所需的正常時間。

⑾負責做好生產調度管理工作。強化調度管理、嚴肅調度紀律，提高調度人員生產專業知識和業務管理水準，平衡綜合生產能力，合理安排生產作業時間。

⑿做好生產成本管理工作，強化降耗節支，尤其是加強對物料的控制。

⒀抓好生產管理人員的專業培訓工作。負責組織生產計劃調度員、設備管理員、統計員及工廠級管理人員的業務指導和培訓工作，並對其業務水準和工作能力定期檢查、考核、評比。

⒁負責擬定本部門目標、工作計劃。組織實施、檢查監督及控制。

⒂按時完成上級交辦的其他任務。

6.任職資格

⑴基本資格

①大專以上學歷，從事本職工作三年以上。

②掌握分管產品的生產技術、產品性能，熟悉產品的技術要求。

③熟悉 ISO 9001 品質管理體系要求，對生產計劃管理、現場管理、生產安全管理、設備管理以及過程品質控制等的要求。

④熟悉物料需求計劃(MRP)。

⑤有較強的組織、溝通協調能力。

⑵理想資格

①熟練使用電腦，熟悉《品質管理體系》及內審與 5S 推行。

②精通製造資源計劃(MRP II)或熟悉企業資源計劃(ERP)。

③組織、溝通協調能力強。

7.檢查與考核

3.一般管理人員工作標準範例

一般管理人員指管理層各部門專門負責某一項專業工作的人員，例如薪酬管理員、後勤管理員、生產調度員、現金會計等。每一崗位除執行通用標準外，還應制定出崗位工作標準。

例 6-16：某公司生產調度員工作標準

生產調度員工作標準

1.範圍

本標準規定了生產調度員的職責與權限、工作內容與要求、任職資格、檢查與考核方式等。

本標準適用於生產調度員的崗位和對該崗位的檢查和考核。

2.規範性引用文件

下列文件中的條款通過本標準的引用而成爲本標準的條款。凡是註日期的引用文件，其隨後所有的修改單(不包括勘誤的內容)或修訂版均不適用於本標準，然而，鼓勵根據本標準達成協定的各方研究是否可使用這些文件的最新版本。凡是不註日期的引用文件，其最新版本適用於本標準。

3.職責

⑴對生產計劃安排不合理負責。

⑵對異常情況調整生產負責。

4.權限

⑴有權參與各種與生產相關的會議。

⑵有權瞭解生產狀況。

⑶有權要求相關部門提供數據，便於生產計劃的編制。

5.工作內容與要求

⑴根據公司年度生產計劃，結合工廠實際工作情況，編制工廠生產作業計劃，包括工廠月生產作業計劃、旬、週、日生產作業計劃。

⑵按照所制定出來的生產計劃組織協調日常生產活動。

⑶召集並參與調度會、生產例會、平衡會、及時協調和解決生產中出現的問題，做好會前的準備工作及會後的資料整理發送工作。

⑷貫徹安全生產的方針，嚴格按安全規程、作業規程、操作規程檢查和組織生產。

⑸物料進度的督促。計劃調度員要瞭解物料需求計劃的操作方法並根據物料需求和生產計劃完成情況，對相關部門進行物料進度的督促工作，預防因物料短缺而影響生產進度。

⑹及時掌握企業經營管理的情況和有關資料，並根據訂單要求及時調整生產。

⑺及時掌握生產趨勢和分析生產動態，組織均衡生產，以保證計劃期內生產任務的完成。如平衡前後關係，生產情況預報等。

⑻及時掌握生產異常情況，並迅速組織相關部門解決問題。

⑼協助本部門主管與外界保持聯繫。如與外協企業保持聯繫，並把這些因素納入生產活動管理的範圍。

⑽溝通和協調其他部門與本部門之間的有關事務。

⑾經常深入工廠、班組、調查研究，熟悉情況，按一定路線和一定標準定期查看。按技術走向和重要崗位的空間位置擬訂巡檢路線圖，及時發現問題，制定解決措施。

⑿定期向財務等相關部門提供生產情況報表。

6.任職資格

⑴大專以上文化程度，從事生產管理工作兩年以上。

⑵具有一定的協調、溝通能力。

⑶具有一定的電腦操作能力，熟悉 Office 軟體的運用。

7.檢查與考核

(三)操作人員工作標準

1.操作人員通用工作標準範例

現代化的企業由於分工越來越細，其操作人員的崗位也越來越多。以電工爲例，有裝配電工、維修電工、測試電工、焊接電工等等，由於設備、服務對象不同，都有各自的工作標準，但由於都屬於企業的操作人員，所以要制定操作人員通用標準。

例 6-17：某公司操作人員通用工作標準

操作人員通用工作標準

1.範圍

本標準規定了操作人員通用的職責與權限、工作內容及要求、任職資格、檢查與考核方式等。

本標準適用於一般操作人員的崗位和對該崗位的檢查和考核。

2.規範性引用文件

下列文件中的條款通過本標準的引用而成爲本標準的條款。凡是註日期的引用文件，其隨後所有的修改單(不包括勘誤的內容)或修訂版均不適用於本標準，然而，鼓勵根據本標準達成協定的各方研究是否可使用這些文件的最新版本。凡是不註日期的引用文件，其最新版本適用於本標準。

3.職責

⑴每個員工都負有按時保質保量地完成生產計劃和各項任務的責任，每個員工都應有努力保證和提高工作品質水準的責任。

⑵每個員工都有愛護企業的各種設施和設備、節約使用原材料、能源和資金、提高效益的責任，杜絕任何浪費現象。

⑶每位員工都必須執行方針政策，遵守企業的各項規章制度。

⑷有保守企業機密的責任。

4.權限

⑴員工都有領取工作報酬和在法定時間內獲得休息、學習和參加文化娛樂、體育活動的權利。

⑵依照規定，員工有要求在工作中保護安全和健康的權利。

⑶員工有按照生產、工作需要獲得學習培訓的權利。

⑷員工有進行科學研究、發明創造、技術革新和提出合理化建議的權利。

⑸員工有向上級反映真實情況，對各級主管提出建議、批評和控告的權利。

5.工作內容及要求

⑴遵紀守法，執行方針政策。

⑵嚴格遵守公司各項規章制度，認真執行管理標準和工作標準。

⑶樹立高度組織紀律觀念，服從領導，服從安排。對工作的安排調動有不同意見，應按正常程序向組織和有關上級反映，不得在行動和工作中消極抵制，更不得以任何方式妨礙工作。

⑷加強技術學習，勝任本職工作，提高生產品質。

⑸熟悉業務，必須達到應知應會的要求，保質保量地完成生產任務。

⑹對工作高度負責，工作時間不串崗脫崗，不打鬧，不睡覺，不做與工作無關的事情。班前班中不喝酒，不遲到、不早退，不得無故缺勤，有病有事應按規定請假。

⑺積極參加文化技術學習，遵守學習紀律及制度，出色地完成學習任務。

⑻嚴格遵守安全操作規程，工作時間穿戴好勞保用品，保證安全生產。

⑼保持工作場地清潔，工位器具擺放整齊，每天上下班前徹底清掃場地，擦拭設備。

⑽認真填寫各項表格、原始記錄，按交接班要求，認真做好交接班工作。

⑾注意節約，避免浪費，更不得將企業財產送人或佔爲已有。

6.任職資格

⑴瞭解有關法律法規，熟悉公司規章制度。

⑵熱愛本職工作，有相當的事業心和責任感。

⑶身體健康，能夠適應本崗位的日常工作，具備初中以上文化程度。

⑷熟悉本崗位工作，瞭解本崗位與相關崗位工作內容有關的專業技術(標準)知識、設備工具知識、品質標準知識和安全防護知識等。

7.檢查與考核

2.一般操作人員(崗位)工作(作業)標準示例

一個企業，僅有通用工作標準是不夠的，每一個崗位都應分別有作業標準。如機械加工企業，其操作工分別有車工、磨工、銑工、線切割工等多個工種，應分別制定作業規範或作業指導書。

例 6-18：某公司數剪操作工工作標準

數剪操作工工作標準

1.範圍

本標準規定了數剪操作工的職責與權限、工作內容(作業標準)與要求、任職資格、檢查與考核方式等。

本標準適用於數剪操作工的崗位和對該崗位的檢查和考核。

2.規範性引用文件

下列文件中的條款通過本標準的引用而成爲本標準的條款。凡是註日期的引用文件，其隨後所有的修改單(不包括勘誤的內容)或修訂版均不適用於本標準，然而，鼓勵根據本標準達成協定的各方研究是否可使用這些文件的最新版本。凡是不註日期的引用文件，其最新版本適用於本標準。

3.職責

⑴對安排的生產計劃按時完成、生產安全負責。

⑵對本人生產的產品品質負責。

⑶對設備及數據庫的有效監護負責。

⑷對本崗位生產現場的 5S 工作有效性負責。

⑸工裝、設備、計量檢測設備的日常保養與維護負責。

4.**權限**

⑴對違反操作規程的指令有拒絕的權利。

⑵對設備發生故障或有不安全因素產生進行立即停機的權利。

⑶設備及數據庫的監護權，嚴禁未經培訓或授權人員修改數據庫或操作該設備。

⑷對輔助員工的調度、檢查、監督、管理、5S 考核權。

5.**工作內容及要求**

⑴作業前檢查

①設備檢查，接通電源，檢查電壓、油位是否正常，確保導軌、絲杠、工作臺面上無任何阻礙機床運轉的異物，安全裝置可靠。

②按正確方法開機，校正後定位尺，仔細觀察絲杠軸的運行情況是否正常。

③剪板前，必須正確選擇刃隙，板厚在刻度調節盤刻度數之間，應選擇下一較厚的設定值。目測或塞尺檢查刃隙，確信上下刀面是否有摩擦現象。具體按《數控剪板機操作規程》操作。

④工作環境檢查，工作環境無影響生產安全的因素。

⑤投產板料或工件的確認，投產板料或工件合格、規格型號正確無誤。

⑵機床的程序編寫與輸入檢查，應準確輸入循環次數、延時、後定位距離、收縮等參數，編程時，要避免誤操作，防止刪除程序和系統參數，並確認程序輸入正確。

⑶首件確認，操作者必須會同直接上級或過程檢驗員對首件進行確認，只有確認產品合格，共同認可設備、環境、操作者狀態符合要求，操作者才能投入生產。

⑷設備使用中的維護保養，生產過程中，應按要求對機床進行加油潤滑和清除鐵屑與雜質等維護保養工作。

⑸生產過程中嚴格執行技術紀律，遵守紀律與操作規程，嚴禁將手伸入壓具下面，按規定使用保護用品。

⑹生產過程控制，按圖紙生產，嚴格執行工作定額與材料定額和技術消耗定額，合理佈局板材，充分利用邊角料，控制不良品與報廢品的發生。

⑺產品品質控制(自檢)，自檢頻次結合過程檢驗巡檢頻次與檢驗項目、檢驗工具針對產品精度要求由工廠現場管理人員制定，必要時應進行記錄(首尾件或生產過程中發生設備維修、換刀等)。

⑻設備運行記錄以及報表、單應填寫詳細完整。

⑼生產過程中應保持工作場所的整潔，產品與邊角料、廢料應區分清楚並擺放整齊和對產品進行標識。

⑽生產過程中發生異常應及時回饋。

⑾尾件確認，生產完成後，應回饋直屬上級或過程檢驗員對尾件以及刀具刃口進行合格與完好確認。

⑿在計劃時間內按質按量完成生產指令，將產品轉序或入庫。

⒀生產過程中如存在待料或其他因素停工，應對機床進行維護保養並對工作場所進行必要的整理整頓與清潔，再次開工時應進行⑴、⑵、⑶工作。

⒁生產計劃完成後應對設備清潔保養並對刀具做防銹處理以及對工作場所進行整理整頓與清掃。

⒂設備與數據庫的備份及監護、維護。禁止未經培訓或授權人員修改數據庫或操作該設備。

⒃應明確輔助工的權責與工作內容。

⒄上級臨時交辦事項，能及時將執行結果或執行情況進行回饋。

6.**任職資格**

⑴基本資格

①中專以上學歷，機械、機電一體化、數控或電腦等相關專業。

②有一年以上數控操作經驗。

③能識懂機械加工圖紙。

⑵理想資格

①對數控設備的機械原理有較深的認知。

②掌握和瞭解電腦編程原理或編程知識。

7. 檢查與考核

3. 特殊過程操作人員工作標準範例

特殊過程操作人員包括鍋爐工、行車工、堆高車工、電工、電焊工等，對這些工種應參照有關部門頒佈的規定制定相應的具體的工作和作業標準。其中往往需要將這類特殊工序過程所需的技術要求也納人工作標準中。

例 6-19：某公司電焊工工作標準

電焊工工作標準

1. 範圍

本標準規定了電焊工的職責與權限、工作內容與要求、任職資格、檢查與考核方式等。

本標準適用於電焊工的崗位和對該崗位的檢查和考核。

2. 規範性引用文件

下列文件中的條款通過本標準的引用而成爲本標準的條款。凡是註日期的引用文件，其隨後所有的修改單(不包括勘誤的內容)或修訂版均不適用於本標準，然而，鼓勵根據本標準達成協定的各方研究是否可使用這些文件的最新版本。凡是不註日期的引用文件，其最新版本適用於本標準。

Q/TZ G103　部門職能界定

Q/TZ G109　績效考核管理辦法

3.職責

⑴對安排的生產計劃按時完成、生產安全負責。

⑵對生產的產品品質負責。

⑶對本崗位生產現場的5S工作有效性負責。

⑷工裝、設備、計量檢測設備的日常保養與維護負責。

4.權限

⑴對違反操作規程的指令有拒絕的權利。

⑵對設備發生故障或有不安全因素產生進行立即停機的權利。

5.工作內容及要求

⑴作業前檢查

①焊接夾具檢查，焊接夾具完好，無銹蝕與缺損，定位裝置可靠，尾件產品或尾件產品記錄合格。

②焊接設備檢查，首先試運行，焊接設備應完好無故障，安全裝置可靠無漏電漏氣現象。

③工作環境檢查，工作環境無影響操作者生產的光線、溫度、安全等因素。

④投產材料或半成品的確認，投產材料或半成品合格、正確無誤。

⑤工作防護用品檢查，面罩、防護手套、防護服必須完好可靠。

⑵首件確認，操作者必須會同直接上級或過程檢驗員對首件進行確認，只有確認產品合格，共同認可設備、夾具、環境、操作者狀態符合要求，操作者才能投入生產。

⑶生產過程中嚴格執行技術紀律，遵守工作紀律與操作規程，按規定使用保護用品。

⑷生產過程控制

①嚴格執行工作定額與材料定額和技術消耗定額，控制不良品與報廢品的發生。

②產品品質控制(自檢)，每生產一件自檢一次，自檢項目根據檢驗工具針對產品精度要求由工廠現場管理人員制定，必要時應進行記錄(首尾件或生產過程中發生焊接設備與夾具維修、操作者更換)。

⑸焊接設備運行記錄以及報表、單應填寫詳細完整。

⑹生產過程中應保持工作場所的整潔，零件、半成品與產品應區分清楚並進行標識和擺放整齊。

⑺生產過程中發生異常應及時回饋。

⑻尾件確認，生產完成後，應回饋直屬上級或過程檢驗員對尾件和夾具進行合格與完好確認。

⑼在計劃時間內按質按量完成生產指令，將產品轉序或入庫。

⑽生產過程中如存在待料或其他因素停工，應對設備與夾具進行維護與防護並對工作場所進行必要的整理整頓與清潔，再次開工時應進行⑴、⑵工作。

⑾生產計劃完成後對焊接設備與夾具進行清潔保養並對夾具作防銹處理後入庫，對工作場所進行整理整頓與清掃。

⑿上級臨時交辦事項，能及時將執行結果或執行情況進行回饋。

6.任職資格

⑴基本資格

①技校或中專以上學歷畢業，機械、焊接專業。具有頒發的焊接操作證

②有一年以上在同行業從事同類焊接工種操作經驗。

③能識懂機械加工圖紙。

⑵理想資格

①對焊接設備與焊接材料等焊接知識有較深的認知。

②具備一定的電工知識。

7.檢查與考核

心得欄

第七章

公司標準與規格之管理

一、公司標準之管理

公司標準是一個公司重要的無形資產，必須妥爲管理，方不致洩漏機密，不致與實際管理程序或實際作業脫節，或則同一件事情有不同的標準同樣存在，形成工廠的混亂。要使標準化發揮應有的效果，而沒有反效果，那麼要有良好的標準管理制度。

二、公司標準管理規定

爲了管理公司標準，必須訂出公司標準規定，並且依此規定確實執行。公司標準管理規定有時又以公司標準總則或公司標準管理規程等不同名稱出現，其內容一般如下：

⑴公司標準化之方針與組織。

⑵公司標準之體系、分類。

⑶標準制定改廢時，擬訂草案、審議、承認、實施等之擔任部門、手續、步驟、要領等。

⑷標準之基本模式、體裁、寫法與編號等。

⑸公司標準的宣導、執行，普及與教育等方法。

⑹公司標準之管理方法。

①標準總目錄的作法與登記方法。

②標準原稿的保管單位與保管方法。

③標準的分發或領取方法、領取登記、保管負責人與保管方法。

④標準改廢時，舊標準之收回與處理方法。

三、標準之編號與目錄之作成

公司標準爲便於整理、保管、及便於使用起見，需加分類編號，一般把標準依大分類、中分類及小分類加於編號，例如檢驗標準，則用「檢」字代表大分類，再分爲驗收檢驗、中間檢查、成品檢驗與出貨檢驗等各種中分類，然後再按物品類別分爲小分類，以下是某公司標準分類與編號範例：

技1	A	MD	001	A
(大分類)	(中分類)	(小分類)	順號	修訂號
技術標準	鋁　線	伸線作業		

標準分類編號以後，應依序整理成總目錄，以便標準歸檔與查閱，總目錄之內容如表 7-1 所示。

表 7-1 公司標準之目錄

標準種類：

編號	標準名稱	張數	制訂日期	最近之修訂日期

四、標準之保密

公司標準記載了公司管理程序與技術要件，如果每人均可予求予取的話，則難免使公司的機密洩漏殆盡，所以需要下列的保密措施：

⑴標準按機密性質加以區分，分發的物件應事先加於規定。

⑵分發以後管理人及其責任應加規定。

⑶標準原件應統一管理，複印均需事先核准，分發後均需登記。

⑷極機密性的技術條件以代號代替，或加減某一數值，使無關人員無法知悉。

⑸人員離職時原領用之標準必須繳返。

⑹定期調查領用標準之保管情形。

五、標準之時效管理

訂定標準並非標準化的目的，透過實際作業實施標準使其有助企業經營，標準才能有所貢獻。因此，標準必須與實際作業緊密地結合在一起。爲此，需注意下列事項：

⑴標準必須透過教育、訓練灌輸給工作人員，貫徹到基層。

⑵除非發現錯誤，否則遵守標準是絕對的。

⑶日常作業必須與標準一致，發現標準不妥時應迅速申請修改。

⑷標準修訂以後，舊標準必須確實收回。現場不可同時有兩份內容矛盾的標準。

⑸每份標準之修訂履歷必須有詳細記錄。

心得欄 --

第八章

公司標準管理規定範例

一、廠內規格管理規程

第一條　本規程是規定廠內規格及標準之作成、制訂、改廢、保管及分發等有關事宜之基準。

第二條　本規程所謂之規格是指製造工程中有關品質之規定事項，即計測方法、性能、狀態等如表 8-1 所示者。標準則爲規定達到規格所定事項之具體措施如表 8-2 所示。

廠內標準原則上爲文字或圖面表示之規程。必要時亦可用模型、樣本或並用其他方法。

第三條　廠內規格草案(以下稱草案)由起草負責部門與關係部門連絡後作成，然後送交工廠品保課。起草負責部門依工廠別另行訂定。

第四條　廠內規格之審議、裁決的手續依下列條款辦理：

1.各部主任裁決之廠內規格：

品保課接到草案時，即將內容加以檢查，送各部之廠內規格審查組織討論並加調整後，交由各部主任裁決。

2.廠長裁決之廠內規格：

品保課接到草案時，對草案內容加以檢查，送各部審查組織作初步審查，附上設定改廢理由書，交技術部開會復審後，由廠長裁決頒佈。

第五條　廠長及各部主任，認為必要時可將前條之裁決許可權下授於技術部主任及各部之課長。其步驟與第四條同。

第六條　廠內規格之起草負責部門之外，其他部門認為廠內規格有加以制定或改廢之必要時，填具廠內規格提案單，並附必要之參考資料或原規格向起草負責部門，或品保課提出申請。

接到此項申請時，應由或交由起草負責部門直接進行檢討，同時將結果及處理方法答覆提案部門。

第七條　廠內規格修改時，依第四條或第五條之規定辦理。

第八條　廠長或各部主任裁決之規格，由品保課立即向技術部報告，附送副本一份。

第九條　廠內規格經制定或修改後，由品保課複印，依規定分發各有關部門。

第十條　有關部門主管應對所分發到之規格或標準負保管之責，各主管為防止規格或標準遺失，應採必要之預防措施。廠內規格之教育由各部門主管負責推行。

第十一條　技術部及品保課對於制定或修改滿三年之規格、標準，提交廠內規格審議組檢討是否有不妥當的地方，必要時加以修正。

第十二條　廠內規格改廢時，舊規格由品保課確實收回。

表 8-1　規格

名稱及記號		記載事項	裁決者	備　註
大分類	中分類			
原材料規格 M	原材料規格 M1	1.適用範圍 2.規格 3.試驗方法大綱 4.包裝方法	技術部主任或各部主任	規定製造時使用原材料之品質
	包裝材料規格 M2			規定半成品、製品包裝用材料之品質
零件規格 P1		1.適用範圍 2.規格 3.試驗方法大綱 4.其他	各部主任	規定零件之品質
半成品規格 P2		1.適用範圍 2.規格 3.試驗方法大綱 4.包裝方法及其他	各部主任	1.規定半成品之品質 2.化學關係者原則上規定每批應具備之品質
成品規格 A	成品包制規格 A1	1.適用範圍 2.規格(材料、方法、尺寸、條件、狀態等) 3.檢查方法(必要時)	廠　長	規定成品包裝方法
	成品性能規格 A2	1.適用範圍 2.規格(出貨時批內或有效期限內各個成品的性能) 3.試驗方法之大綱		規定成品性能之保證品位
機械裝置 使用工具、計測器規格 副資材 S		1.適用範圍 2.規格 3.試驗方法綱 4.其他	製造技術部主任	規定製造、檢查等使用之製造裝置

表 8-2　標準

<table>
<tr><th colspan="2">名稱及記號</th><th rowspan="2">記載事項</th><th rowspan="2">裁決者</th><th rowspan="2" colspan="2">備　註</th></tr>
<tr><th>大分類</th><th>中分類</th></tr>
<tr><td>檢驗標準
I</td><td></td><td>1.適用範圍
2.樣本之抽取：批之決定，樣本數，抽樣方法
3.試驗方法
4.合乎判定基準
5.不合格品之處理方法
6.其他：檢驗所需時間，判定有效期間，作業管理方法</td><td>廠長</td><td colspan="2">規定檢驗方式及檢驗部門之作業</td></tr>
<tr><td rowspan="4">作業標準
O</td><td>技術作業標準 01</td><td rowspan="4">1.適用範圍
2.加工種類及順序
3.裝置、機械、工具等之明細(能力及耐用年數)
4.工程圖：材料之流動、數量、速度、工程試驗等
5.使用原材料及配方
6.加工條件
7.設備、機械、裝置等保養檢查法
8.標準作業時間、人員、作業量等
9.原材料、半成品的保管方法，期限及變質品之處置
10.其他：批之構成，作業之管理方法</td><td rowspan="4">各部主任</td><td>規定研究技術部門之作業</td><td rowspan="4">1.必要時可分為下述小分類：
(1)技術
(2)作業操作
(3)測定與抽樣
(4)管理
(5)點檢
(6)其他
2.本中分類必要時使用</td></tr>
<tr><td>製造作業標準 02</td><td>規定製造部門之作業</td></tr>
<tr><td>預防保養作業標準 0S</td><td>規定機電部門之作業</td></tr>
<tr><td>管理作業標準 03</td><td>規定幕僚部門之作業</td></tr>
</table>

續表

作業指導書		1.適用範圍 2.單位作業之操作順序、要領及注意事項 3.故障時之處理 4.操作負責人 5.其他	各部主任	規定各單位作業之操作順序、要領、注意事項
暫定標準T		與各該規格、標準同	各部主任	一定期限內使用之暫定標準或規格
抱怨處理規定C			廠長	規定抱怨之受理、調查、處理、答覆等。

第十三條 技術部及品保課應對所保管之原案負永久保存之責。

第十四條 本規程有關之細則及手續，由各部主任聯繫後訂定，呈廠長核准後頒行。

第十五條 本規格之制定及改廢由總經理核定之。

二、企業標準化印刷的發放規定

本標準參照採用《標準化工作導則》，結合企業實際情況制定。

1.範圍

本標準規定了企業標準條文的編排格式印刷的幅面大小、印刷格式及其發放事項。

本標準適用於××公司標準的印刷與發放，其他企業單位的企業標準印刷和發放也可參照執行。

2.引用文件

GB 788-87　圖書、雜誌開本及其幅面尺寸

YHB 01.04-2004　企業標準編寫基本規定

3.企業標準的幅面

⑴印刷企業標準採用 GB 788 中規定的規格紙張的 16 開本(195mm×270mm)允許偏差±1mm。

⑵當標準中圖樣、表格不能縮小時，允許根據實際需要延長或加寬，倍數不限。

4.標準的格式

⑴企業標準的封面格式(規範性附錄)。

⑵企業標準的首頁格式(規範性附錄)。

⑶企業標準的內頁格式(規範性附錄)。

⑷企業標準的末頁格式(規範性附錄)。

5.企業標準條文編排

⑴企業標準層次的劃分及其編號

①企業標準應按其內容分成若干層次進行敍述。層次的編號採用阿拉伯數字，每兩個層次之間加圓點，圓點加在數字的右下角。具體編號方法見附錄 E(規範性附錄)。

第一層次一般爲「章」，它是企業標準內容的基本單元，其編號自始至終連續。以下層次統稱爲「條」，其編號只在所屬章、條的範圍連續。如「第一章」、「第 1.1 條」(或「1.1」條)、「第 1.1.1 條」(或「1.1.1 條」、或「1.1.1」)。層次的劃分，一般不宜超過四層，當企業標準結構複雜，四層不夠時，可將層次再細劃分，其編號方法按上述原則依次類推。

②當企業標準條文內容適用於採用分行並列敍述時，編號用小寫的英文字母(右下角加圓點)a)、b)、c)……順序表示。

⑵標準條文的排列格式

①「章」一般有標題，特別是需要編制目次時，必須編寫標題。

「條」可有標題，也可沒有標題。但屬於同一章「條」的下一層次的「條」有無標題原則上應一致。

②「章」、「條」的編號應左起頂格書寫。有標題時，在編號後空一個字的位置再寫標題，另起一行寫具體內容。沒有標題時，則在編號之後空一個字的位置再寫具體內容。

並列敍述條文的編號 a)、b)、c)……均應左起兩個字的位置再書寫，在編寫的圓點後空一個字的位置再寫具體內容。

具體內容前不加編號時，其每段的第一行均左起空兩個字的位置再書寫。自第二行起，以下各行均頂格書寫。

③設篇時，每篇一般有標題，在編號之後，中間空一個字的位置，編號和標題的位置居中，佔兩行位置。具體條文排列格式見附錄 F(規範性附錄)。

6.企業標準的印刷與發放

⑴企業標準的印刷發放方式可以是複印和列印。但列印和複印必須做到字跡清晰。

⑵企業標準按客觀需要發放，其中基礎標準、技術標準和管理標準按每個職能科室、班組三份發放。工作(作業)標準按崗位工作人員，每人發放一份，該崗位隸屬負責人一份。

⑶企業標準修訂後，應實行交舊換新發放規定。

⑷企業標準在規定的使用時期內，持有者應妥善保存，不許

無故丟失、損壞或外借。若丟失或損壞則由本人自費購買。若私自外借或外送企業外人員，應依據對本企業造成損失輕重狀況追究相應責任。

心得欄 --

第九章

公司標準與規格之整理方法

一、公司標準與規格之整理方法

(一)整理公司標準時應考慮的事項

公司標準爲一個企業經營管理的基準，故除應具備有助於企業發展且有實行可能的具體內容外，尙需考慮下列事項：

⑴標準、規格是供各有關人員研讀的，故文字要通俗，人人都能理解才可以，故最好用白話文撰寫。

⑵要簡單扼要而不曲折，利用條款方式撰寫。

⑶儘量避免模棱兩可的用語，不易以文詞表示時，儘量利用數字、圖表、照片等表示。

⑷盡可能地具體寫出，前後順序分明，有關定義亦加敘明，與關連標準、規格等之關係也應詳加說明。

⑸對於製圖方法、符號、專有名詞等應儘量利用中國國家標準(CNS)之規定，使公司標準能與國家標準密切配合。

(二)公司標準之格式與尺寸

公司標準是公司經營管理、品質管制上很重要的書面準則，必須有統一的格式與尺寸，使標準便於整理、保管與應用。所以在進行公司標準化之初，先應將標準用紙之格式及尺寸，加以標準化。

1.標準用紙之格式

公司標準、規格之用紙一般採用 A4 210×297mm 之標準尺寸紙張印製，如附有藍圖或很大的表格而用 A4 容納不下時，則用 A3 297×420mm 之紙張，其大小恰爲 A4 紙的兩倍，有一邊的長度相等，將來在歸檔整理時非常方便，檔案整齊美觀，日本的企業大都採用此種尺寸，國內標準化徹底的公司亦都採用此一尺寸。當然也有少部分的工廠採用一較小的尺寸 B5 182×257mm。標準用紙的格式分首頁與副頁兩種，普通均印好空白表格備用，圖 12-1 爲著者根據中外大企業標準用紙格式，及中國國家標準格式擬訂的公司標準用紙格式範例，各公司亦可根據本身需要來設計。

⑴首頁：

一般使用甲(A)4　210×297 紙張　單位：mm

如圖 9-1 所示。

⑵副頁：

①副頁紙張尺寸同首頁爲甲(A)4　210×297

②副頁只印內框尺寸爲 173×274

③編號寫在框外左上角

④頁數寫在框外右上角

如圖 9-2 所示。

圖 9-1　標準與規格類用紙範例　　　圖 9-2　標準用紙副頁

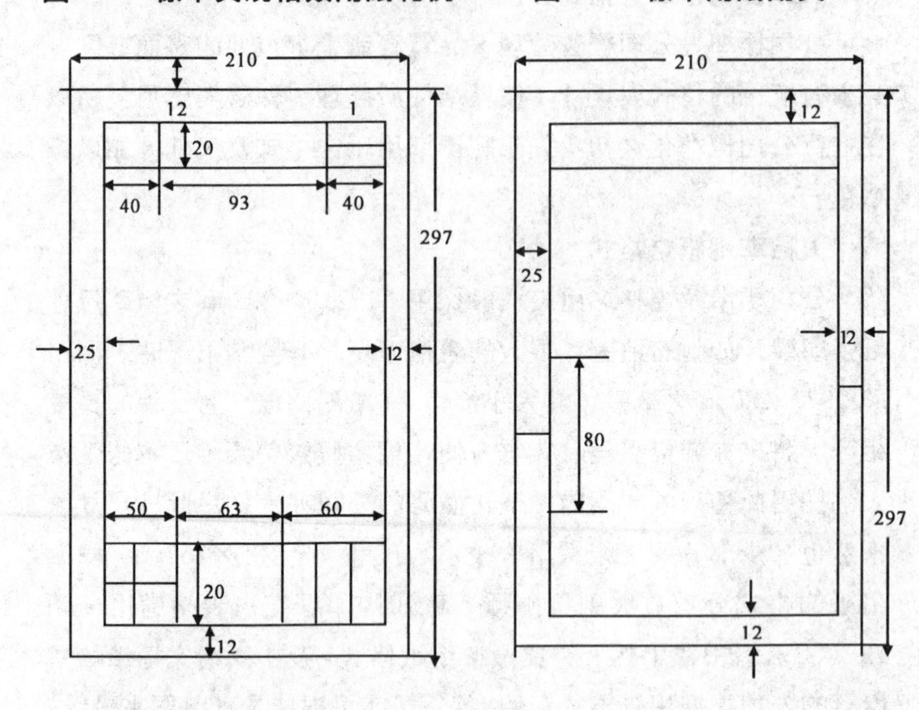

2.用紙尺寸

企業內各種帳單表格尺寸之統一化、標準化，是企業經營合理化、制度化很重要的一個步驟，過去國內對紙張的大小都以幾開幾開表示，以至大家對紙張的大小只有一個模糊的印象，既然沒有明確的標準，大家也就隨心所欲，弄得各種表格雜亂無章，歸檔不易，很多寶貴的資料因而無法有效地加以利用，實在可惜。

近來由於事務合理化工作的快速發展，很多企業均購置了影印機，在機上標有 A3、A4、B4、B5 的方格，且要求使用 A3、A4，B4、B5 的複印紙，大家才開始注意紙張的尺寸。而這些影印機幾乎全由國外引進者，其紙張均以國際標準爲準，所以國內通用的紙張尺寸也有逐漸走向國際標準的趨勢。將來由於辦公室自動化(Office Automation,簡稱 OA)、事務機械化的發展，相信紙張尺寸一定很快地走向國際標準尺寸，以配合各種新式的事務機械。

國家標準 CNS-5 號「紙張尺度」是民國 63 年 10 月修訂者，將紙張尺寸分甲、乙、丙、丁等四類，其中甲組與國際標準之 A 種相同，B 組則與國際標準之 B 種相近。CNS 甲乙兩組與國際標準 A、B 兩種之尺寸如表 9-1。

表 9-1　紙張標準尺寸

(1)寬×長(單位：mm)

號碼	CNS 甲組、國際 A 種	國際 B 種	CNS 乙組
0	841×1189	1030×1456	1000×1414
1	594×841	728×1030	707×1000
2	420×594	515×728	500×707
3	297×420	364×515	353×500
4	210×297	257×364	250×353
5	148×210	182×257	176×250
6	105×148	128×182	125×176
7	74×105	91×128	88×125
8	52×74	64×91	62×88
9	37×52	45×64	44×62
10	26×37	32×45	31×44

⑵公差（單位：mm）

寸　法	容許差
150 以下	±1.5
150～600	±2
600 以上	±3

（三）標準的寫法與樣式

編寫公司標準時應注意下列各點：

⑴用白話文書寫，文字要通俗，使人人都能理解。

⑵要簡單明瞭而不曲折，使任何人看了都不會產生兩種不同的解釋。

⑶盡可能具體的寫出，避免使用模楞兩可的用語，使員工看了能根據它辦事或作業。

⑷由左至右橫寫，以便插入外文或數字、公式。

⑸用條款方式書寫，使層次分明。

⑹應加標點符號。

⑺數字使用阿拉伯數字。

⑻牽涉到術語時，應使用國家標準或學會團體規定的統一術語。

下表 9-2 爲日本工業規格 JIS Z 8301「規格的樣式」之摘譯可作爲參考。

表 9-2

1.規格用紙之大小：

規格用紙大小爲 A4 210×297(mm)，B5 182×257(mm)

2.文體與寫法：

⑴條款：規格以條款方式撰寫。

⑵文體：用易於瞭解的白話文。

⑶寫法：由至至右橫寫。

3.用字和用文：

⑴術語：日本規定其本國以文部省制定之學術用語，日本工業規格所定用語，工業標準用語調查會制定的工業標準用語等順序使用爲原則。

⑵用句：依其意義，使用適切、簡明用句。

⑶數字：原則用阿拉伯數字。

4.編號：

⑴條款號碼：使用點記系統(Point System)編號，例如以阿拉伯數字及點組合而成，組合最大以 3 個爲限。

例：1.　1.12　1.12.3

⑵細目號碼：1 個條款內包含有幾個規定時編號以採用⑴⑵……(a)(b)(i)(ii)等細別號碼爲準。

(1)(2)(3)(4)(5)…………

(a)(b)(c)(d)(e)…………

⑶圖表號碼：插圖、插表或附圖、附表等，各就本體，參考解說以一貫的阿拉伯數字編號區別爲原則。若在本體參考、解說等等之中間只有一圖一表時不以編號爲佳。

5.條文排列：依下圖排列方法辦理爲原則。

圖 9-3　標準條文排列之例

規格名稱	分類號碼
	制定　　年　月　日

1.總則

1.1

2.

2.1

註(1)

3.

3.1

備考 1

2

3.2

(1)

(2)

例

3.3

3.3.1

(1)

關連規格

(四)標準之編排方式

爲了使公司標準能整齊劃一，便於管理，標準的編排方式宜事先加以規定。

圖 9-3 之標準條文編排方式，系日本工業規格之規定。各公司可以此爲範例，訂定本身標準的編排方式，並事先通知各標準擬稿人。

(五)標準用之數值

要作出實用的公司標準、規格，就得儘量防止抽象的內容，設法把公司全面的經營活動客觀地表現出來。而客觀的表現中，最有效最明確的方法就是數量化的表現方法。

在擬訂公司標準、規格，對於材料、零件、半成品、成品等之品質要求，可參考國家標準 CNS 及各種社團標準，同時斟酌自己公司的情況決定適當的數值。對於製造過程中之作業條件或某些半成品的品質特性或尺寸，在國家標準或社團標準裏沒有的數值，應根據成品規格之要求，工廠的經驗，訂出暫時的數值，試用一段時間，再利用統計方法加以檢討、決定適當的數值。

所有的公司標準，大都設有試用階段，在這段時間內合理地搜集各項資料，以檢討所訂之數值是否合適，經修訂後再訂爲正式標準。以後需依環境的變化、技術的變化、管理的改變，作定期或不定期的修訂。

在搜集資料的時候，宜注意下列事項：

⑴搜集資料時，應注意所取之資料，是在設備、作業員、原材料、製造、方法、時間等條件相同之情況下所得可構成一批者。不同條件者應加隔離，即應注意分層的工作。

(2)試樣應在隨機狀態下抽得，具有代表全批的資格。

(3)設法使測定標準化，以減少測定誤差。

修訂公司標準、規格時，常需從專門技術的立場檢討所有改善的特性及原因，所以應該儘量搜集國內外的文獻、經驗報告等技術文獻，還應利用腦力激蕩術探究各種問題，且宜利用特性要因圖來研討引起變動的原因。

要檢討各種變動要因以修訂標準、規格時，一般常用下列品質管制的方法來處理資料：

(1)直方圖及次數分配表。

(2)重點分析圖。

(3)散佈圖及相關表。

(4)制程解析用管制圖。

(5)平均值差的檢定。

(6)隨機化檢定。

(7)週期性檢定。

(8)變異數分析。

如要進一步地進行重覆的改善，則可用實驗計劃法。像以上這樣求得的數值都是極有效極貴重的東西，將它們納入公司標準、規格，使公司標準、規格成爲活的、有效的東西，也是推行工廠管理不可或缺的條件。

二、一般用紙(表格)基本設計辦法

(一)適用範圍

本辦法適用於本公司各部門對使用表格之設計。

(二)範例

(三)檢討

1.一般檢討

⑴此表是否必需：

⑵是否可以用他表代替？

⑶是否可同他表合併？

⑷是否可剔除他表？

⑸曾由使用者檢討否？

⑹每月使用數是否夠印刷？

⑺此表之資料何處來？

⑻此表之資料何處去？

⑼何人負責修改與重印？

2.內容檢討

⑴名稱內容是否相符？

⑵文字是否明晰妥當？

⑶各專案是否必需？

⑷應有項目已全否？

⑸編號齊全適當否？

⑹每方格是否須編號？

⑺複寫各聯是否需要？

⑻必須文字印就否？

⑼蓋章適切否？

⑽審核有無 多餘或不足？

3.設計檢討

⑴填寫空位足夠否？

⑵週圍空位夠多否？

⑶排列次序適合否？

⑷鉤填法充分應用否？

⑸蓋章位置適合於否？

⑹紙張品質適合否？

⑺是否合乎標準尺度？

⑻尺度大小有無浪費？

⑼線條精細形式適合於否？

⑽格局是否明晰美觀？

(四)新的用紙作成時，須經標準委員會核認。

(五)關連標準

管-0009 一般用紙尺度標準。

附圖 9-4：

三、標準書格式

1.適用範圍：

本格式適用於本公司各類標準書。

2.格式：

⑴標準書大小：標準書之大小依 CNS-5(紙張尺度)及管-0009(一般用紙標準)A4 之規定，但圖表得視需要採用號數紙張。

⑵標準書寫法：標準書寫法參照附表 2 之規定。

3.**文體**：內容以條文式書寫，字句力求口語化。

圖 9-4

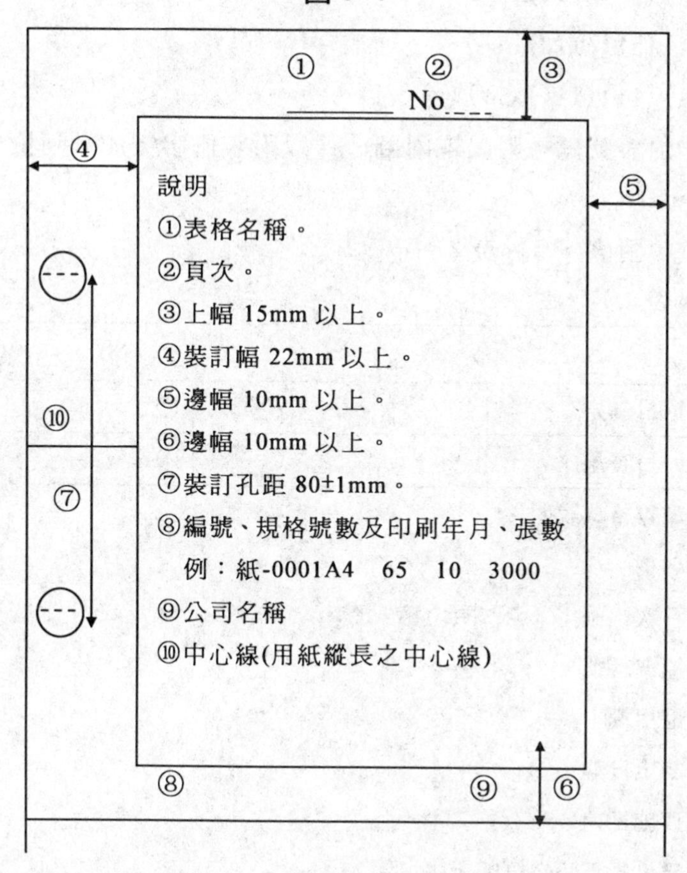

4. **條文號碼之賦予**：(附表 2)

⑴條文號碼採用阿拉伯數字，中間以點分開，組合號碼不得超過三個，例 1.　1. 12　1. 12. 3

⑵附註：附註得於註字後加一號碼。

例：註 1.　註 12.

⑶細目號碼：條文號碼不夠使用時，得使用細目號碼。細目號碼規定如下：

(1) (2) (3) (4) …………

(a) (b) (c) (d) …………

(i) (ii) (iii) (iv) (v) (vi) …………

⑷附表號碼：附表或附圖一律以附表兩字後加一阿拉伯數字表示。

例：附表 1、附表 2。

附表 1：

<table>
<tr><td colspan="3">No. ②</td></tr>
<tr><td>⑤年 月 日制定</td><td>①</td><td>③</td></tr>
<tr><td>⑥年 月 日實施</td><td></td><td>④</td></tr>
<tr><td colspan="3">標準書格式說明：
①名稱
②頁次　例 1/2 全二頁之第一頁。
③標準編號。
④備用欄。
⑤制定日期。
⑥實施日期。
⑦變更修正時之符號記事。
⑧修正日期。
⑨訂正者。
⑩本公司名稱。</td></tr>
</table>

符號記事	△	△	△	△	△	△	△	△
年、月、日								
訂 正 者								

附表 2：

□年□月□日制定	□	□
□年□月□日實施		□

1. 適用範圍：

　本□適用於

2. 　　　　：□

2.1 □：

2.1.1 □：

　□　□

(1)

(a) □

(i) □

□

符號記事								
年、月、日								
訂 正 者								

5. 其他：

⑴標準之引用：引用其他標準時，得寫明該標準之編號，必要時得記下標準之名稱。

⑵關連標準：各關連標準應在此項標準各條文之後列述之。

附錄：

企業標準化的作業標準編寫規定

1.範圍

本標準規定了××公司企業工作(作業)標準編寫的基本要求，標準構成及其編寫細則。本標準適用於××公司內操作崗位作業標準的編寫。管理崗位的工作標準服務崗位的服務規範編寫亦可參照執行。

2.引用文件

標準編寫規則　第1部分：術語

標準編寫規則　第2部分：符號

企業標準編寫基本規定

企業標準印刷與發放規定

品質管制體系文件指南

3.術語

(1)企業工作標準

對企業標準化領域中需要協調統一的工作事項所制定的標準。

(2)企業工作標準體系

企業標準體系中的工作標準按其內在聯繫形成的科學的有機整體。

4. 企業工作標準的分類

企業工作標準是以崗位為基礎，職工為對象，對企業標準化領域中需要統一協調的業務及工作事項所制定的標準。按崗位和適用範圍可以分為若干類。

⑴按崗位性質可以分為三類：

①企業管理崗位的工作標準；

②生產操作崗位的作業標準；

③服務崗位的服務標準或服務規範。

⑵按工作標準適用範圍可分為四類：

①企業職工通用工作標準；

②管理人員通用工作標準；

③生產人員通用作業規程；

④崗位專項工作(作業、服務)標準(規程、規範)。

5. 企業工作標準的形成

企業工作標準的一般構成及編寫順序如圖 9-5 所示：

上述構成部分不是所有工作標準都必須全部包括。工作標準究竟包括其中的那些內容，可根據工作崗位特徵結合制定該標準的目的而定。

6. 概述部分

⑴封面與首頁

企業工作標準的封面與首頁應符合規定。

⑵目次

當企業工作標準的內容較多(一般印刷頁在 10 頁以上)時，應編寫目次，目次的編寫應符合有關規定。

圖 9-5 企業工作標準的一般構成及編寫順序

概論部分
- 封面與首頁
- 目次
- 標準名稱
- 引言

正文部分
- 範圍
- 引用標準
- 術語、符號、代號
- 崗位職責和任務
- 上崗條件(或任職資格)
- 工作程式
- 工作內容與要求
- 事故分析、處理和報告
- 相互關係和資訊傳遞
- 檢查與考核
- 附錄

補充部分
- 資料性附錄
- 參考文獻

⑶企業工作標準名稱

企業工作標準的名稱應簡明到反映崗位名稱、職工工作性質及標準的主題，明確與其他相類似標準的區別，如：

「統計員工作標準」；

「軋鋼機中輥操作工工作規程」；

「列車員服務規範」等。

如對某一個流程中的具體作業/服務內容與要求，可定爲「×××指導書」。

⑷引言

引言不寫標題，也不編號。企業工作標準的引言內容主要是說明制定依據和其他需要說明的事宜，若不需說明也可不寫引言。

7.正文部分

⑴範圍

①主題內容

企業工作標準首先應簡要說明該標準章題內容（一般在50字以內）。應儘量採用規定的典型用語。

②適用範圍

主要規定企業工作標準的範圍的適用範圍或應用領域。應儘量採用規定的典型用語。

⑵引用文件

說明在企業工作標準中直接引用和必須配合使用的標準，如通用工作標準，相關的必須協作的崗位工作標準，尤其是在該崗位實施的有關技術標準和管理標準。引用文件編寫方法按規定執行。

⑶術語、符號、代號

①企業工作標準中採用的術語應按規定編寫。

②符號與代號應按規定編寫。

⑷崗位職責或任務

應明確規定按崗位承擔工作的責任和工作任務，規定爲完成應負職責與任務所應有的職權範圍。

⑸上崗條件（或任職資格）

應規定該崗位工作的人員知識水準和技術業務水準，必要時還應規定其身體素質和作資歷等要求。

⑹工作流程

一般應按工作（作業）流程繪製流程框圖。提倡採用流程圖圖形符號和規定的圖形繪製流程圖。

⑺工作內容及要求

企業工作標準的工作內容及要求應根據工作性質和客觀需要採用條文式、表格、圖表式等形式編寫。

一般應在對原崗位責任制和工作實踐經驗加以總結提煉的基礎上，充分吸收國內外相同(似)崗位的先進工作(操作)經驗，並運用 IE 等科學方法，進行過程再造，優化流程。

確定工作順序、內容與要求。具體地說：

①應首先規定工作前必要的準備工作，包括設備檢查、工量具配備、勞保服裝穿戴。

②應明確規定具體的工作事項和工作方法。

③應明確規定所達到的具體數量、質量及完成期限的要求。

④應規定工作中必須遵守的安全、衛生、環境等項標準或要求。

⑤其他應規定的內容及要求。

⑻事故的分析處理和報告

企業工作標準應明確該崗位對各類事故的處理和報告流程要求。

⑼相互關係和資訊傳遞。

企業工作標準應明確規定該崗位與其他相關崗位之間的相互協作關係及資訊傳遞流向。

①各崗位之間相互關係可用圖表形式表達。

②資訊傳遞可用輸入輸出資訊傳遞表反映。

⑽檢查與考核

企業工作標準中應明確規定標準執行後的具體考核辦法，如考核人、考核時間、考核方法等。

工作標準的考核辦法應科學、簡明、切實可行，並與經濟責任制、獎金的分配緊密掛鈎。也可將考核辦法另行制定標準配套執行。

8. 附錄

⑴規範性附錄主要是對正文內容的補充，相當於企業工作標準的一章或一條及組成部分，和正文具有同等作用，應儘量不採用規範性附錄，將有關內容直接寫入正文；只有當內容過多或編寫和閱讀不方便時，才作爲附件。

⑵資料性附錄主要是幫助理解企業工作標準的內容，以便正確掌握和使用該標準。其內容包括：

①對工作標準中重要規定的依據和專門技術問題進行的系統介紹；

②企業工作標準中有關條文的參考性資料或推薦方法；

③正確使用企業工作標準的說明等。

心得欄

第十章

企業標準化的實施

一、企業標準體系的試運行

所謂企業標準體系試運行，就是企業將標準體系全套文件建立起來之後，在企業生產、技術、經營管理中實施。並在實施過程中注意認真做好測量和記錄，以驗證標準體系及其各項標準的適宜性、充分性和有效性，並以測量和記錄爲依據，對標準體系進行改進。

1. 企業標準體系的發佈

企業標準體系文件的發佈，可以有不同的方式。有的企業採用發佈會的形式，有的企業直接採用紙質文件的發放形式，也有的企業採用局域網發放電子版文件的形式。但通常都應由企業最高管理者簽發發佈令。發佈令的發佈日期標誌著標準體系開始運行，同時，爲了確保企業標準體系的實施運行，應由企業最高管理者任命一位負責人作爲企業標準體系的管理者代表，全面負責企業標準體系的日常運行和貫徹落實情況，確保企業標準體系所需過程得到建立、實施和保持並持續改進。

2. 企業標準體系的控制

標準體系文件是組織指導生產和管理活動的依據和證實材料，一旦文件管理失控，將可能對組織的管理或活動造成負面影響。企業標準體系文件主要有兩部份，一是標準化工作管理文件；二是標準明細表中的技術標準、管理標準和工作標準以及法律、法規文件，可以說量大面廣，尤其在試運行過程中，由於對標準的動態掌握的不夠準確，很可能造成一些作廢文件的非預期使用，從而對標準體系文件的完整性、充分性、符合性和持續適宜性帶來影響，因此，有必要對文件進行控制。

標準體系文件的控制主要注意以下幾點：

⑴批准。文件發佈前，應經授權責任人批准。以確保文件的充分性和適宜性。

⑵文件評審和修改、更新的再批准。其目的是由於情況發生變化，如組織機構、產品、技術流程、法律法規等發生改變，確定文件是否需要修改、更新。

⑶修訂狀態標識。目的是使所有文件的修訂狀態應能得到識別，如採用換頁、文件修改單等方式。

⑷使用有效版本。必須確定在組織內的使用場所能得到適用文件的有效版本。

⑸編目及檢索。應用標準明細表，對文件進行快速查尋和識別。

⑹外來文件的控制。要對有關的全部外來文件，如法律法規、產品標準（包括企業產品出口所執行的國際標準和國外先進標

準)、技術基礎標準、管理基礎標準等進行識別和管理，主要是跟蹤修訂狀態和控制分發。

(7)防止作廢文件的非預期使用。若保留作廢文件，除進行適當標識外，可能時應採取適當的隔離存放措施。

(8)文件控制所涉及的地點。爲所有發放、使用的各個場所以及存放文件的檔案室等處。

(9)文件的控制時間。從文件的批准發佈(或取得)至文件的處置(移交、銷毀等)，也就是說文件的控制週期爲從頒佈直至被批准作廢處理爲止。

此外，隨著電腦的普及和網路的建設，企業進入網路時代後，電子文件會起來越多。作爲文件的一種特殊形式，電子文件具有一般文件控制的共性，同時，在控制手法和實現形式上又與傳統的紙質文件有所不同。通常，在企業局域網上發佈的各類企業標準，均以唯讀的形式發佈，並對不同部門設置不同的訪問權限。電子文檔文件更改採用覆蓋替換的方法，由企業專門授權的網路管理員負責更改。

標準體系文件的控制可按企業制定的《文件控制程序》執行。

3.企業標準體系試運行的注意事項

在企業標準體系試運行過程中，要重點注意以下事項：

(1)文件的正式發佈日期和試運行開始日期應與第一版文件上所登記的日期相一致。

(2)實施並檢驗企業標準體系的控制有效性，完善管理。

(3)有針對性地宣貫企業標準體系文件。試運行後第一件要做的工作是培訓，即按照培訓程序的要求對全體員工實施培訓，如按企業的《人力資源控制程序》等標準來操作。

⑷實踐是檢驗真理的唯一標準。體系文件通過試運行必然會出現一些問題，全體員工應將實踐中出現的問題和改進意見如實反映給標準化辦公室，以便採取糾正措施。

⑸對體系試運行中暴露出的問題，如標準之間接口不暢、形不成閉環等進行完善、補充。

⑹加強信息管理，不僅是體系試運行本身的需要，也是保證試運行成功的關鍵。所有與標準化活動有關的人員都應按體系文件要求，做好標準信息的收集、分析、傳遞、回饋、處理和歸檔等工作。

二、標準化的實施原則

標準的實施是標準化活動過程中十分重要的環節。沒有它，標準就不可能轉化爲生產力，也不可能發揮標準的作用和效益，也不能真正全面和正確瞭解、評價標準的水準和價值，更不能獲知標準中存在的不足和問題，爲修訂標準作準備。因此，任何一個企業都應該十分重視適用於企業的各類各級標準的實施。

標準實施的狀況如何，標準化的效益如何，這又要依賴於企業對標準實施的檢查，必要時，還需要客戶和第三方對其標準實施的監督和檢查。因此，企業標準化工作的基本任務除了制定企業標準之外，還要實施標準，並對標準的實施進行檢查。

標準在一個企業內的實施是一項技術性很強的標準化工作。標準的層級、類別、性質不同，其實施的範圍、流程和方法也不同，但可以從中確定一些基本原則和方法。

(一)標準化實施的流程

由於各類標準涉及的主題和內容不同，其實施的流程也應不同，但從企業實施標準的經驗中可以總結出流程圖，見圖 10-1。

圖 10-1　標準化實施的一般流程

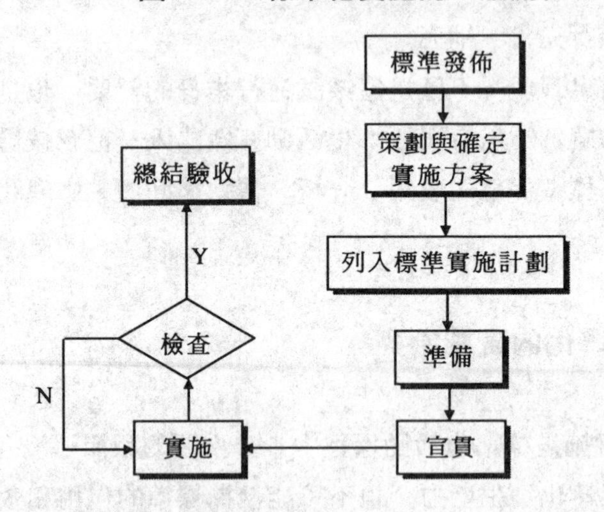

1.策劃與確定實施方案

無論是企業標準，還是適用於企業的國家標準或行業標準發佈後，企業標準化機構都要策劃本企業實施該標準的若干方案。經過廣泛徵求相關部門意見，必要時經過論證後確定其中一個最佳方案。

2.列入標準實施計劃

確定的標準實施方案應經過規定的審批，並列入企業年度/季度標準化工作計劃/標準實施計劃，明確該標準實施的歸口部門、協作部門，實施步驟、時間及經費，必要時還可確定爲實施該項標準所需的技術/設備改進項目及 QC 小組活動項目。

3.準備

每項標準的實施都需要做一些準備工作，它們主要是：

⑴組織準備

涉及部門多、重要標準的實施，應建立專門以主管爲首的工作組以統一指揮、協調和處理標準實施過程中的各項工作。

⑵技術準備

技術準備是一項必須的重要準備。它包括：

①提供標準文本及必要的宣傳、介紹資料；

②針對技術問題，編制新舊標準的對照表，或標準實施中的主要技術問題及其處理要求；

③必要時，採用新的技術方法/檢驗方法；

④採購/研製實施標準必需的檢測器具、設備、工裝夾具等。

⑶經費的準備

標準的實施要有一定的資金和物質條件，儘管不必全部齊備後方可實施標準，但必須按標準實施過程，及時提供相應的經費和物料條件，以免不能啓動或中斷標準的實施。

4.宣傳

每項標準的實施都需要實施標準的人員理解和掌握標準的內容與要求，因此，企業標準化部門必須舉辦標準培訓班或標準實施骨幹培訓班；讓他們首先理解和掌握標準的內容與要求，爲標準的順利實施，奠定基礎。

必要時，企業也可以選擇一些骨幹人員參加國家/行業標準化部門組織的標準宣貫培訓班，也可以聘請有關標準化專家到企業培訓。

5.實施

應按標準計劃，認真、嚴格實施。必要時，可以採用先點後面，通過試點的實施取得經驗後，再在企業全面實施。

實施過程中，應認真、及時地協調與處理因實施標準而產生的各種問題，如因客觀原因不能按預定計劃實施時，企業標準化部門應及時調整計劃。

6.檢查

標準的實施過程中應該進行檢查，必要時，這種檢查還可以按計劃進行若干次。通過檢查，瞭解標準的實施狀況，發現標準實施中產生的問題，以便及時處理和解決落實標準的實施到位。

7.總結驗收

標準實施並經過檢查確認已基本實施到位後，應進行總結驗收，編制總結驗收報告。

(二)標準化實施的方法

企業標準化工作實施，主要方法有以下五種。

1.直接採用

就是對標準的內容不加任何修改地直接、全面實施。一般對企業適用的強制性標準或一些基礎標準，如《標準化工作指南 標準化及相關活動的通用辭彙》和《國際單位制及其應用》等，都應該直接採用。

2.部分選用

對有些標準，企業實施時應該選擇適用於企業的部分內容/條文實施。如緊固件等標準中規定了成百上千種品種規格要求，一個企業顯然不可能也不應該全部實施，只能選用其中適合於本企業的部分品種規格實施，以滿足企業需要，又節省資金。

同樣，對國家/行業產品標準實施時，也應部分採用其中的部分品種、規格(但不能降低產品技術要求)，就是對強制性的標準，如《量和單位》，企業實施時也可以採取部分選用的方法，即只實施企業適用的那部分量與單位。

3.補充細化

企業在實施標準時，經常發現由於它們的適用範圍大，標準中的很多內容規定往往比較原則和抽象，爲此企業在實施時，必須採取補充細化的方法。

例如，企業在貫徹行業零件或技術標準時，往往要補充細化一些熱處理、表面塗覆等方面要求或結合本企業技術與設備條件，補充細化一些要求。

企業在實施《品質管制體系要求》時，必須依據本企業實際情況，補充細化具體的「影響產品符合要求的分包過程」、「外來文件」、「質量方針和質量目標內部溝通過程」、「過程設備」和「工作環境」等。

4.配套實施

在許多企業，實施某項標準，往往要同時實施相關的配套標準。例如，農業企業在實施農作物質量標準時，往往要配套實施該農作物的種子標準、栽培規程；例如工業企業在實施產品標準時，往往要配套實施該產品的原料標準、半成品標準、檢驗方法標準、包裝標準等。

5.提高實施

企業爲了提高其產品在市場上的競爭能力，在實施產品標準時，一般都會加嚴、提高產品質量參數中部分指標，或制定和實施嚴於國家/行業標準的企業標準。

產品標準是這樣，管理標準也是這樣。如美國福特、通用、克萊斯勒三大汽車製造企業在實施 ISO 9000 族標準時，就採用了提高實施的方法，在 ISO 9000 標準的基礎上，自行制定和實施了 QS9000 標準。實施標準的方式和方法是多種多樣的，企業在標準化中，可以創新很多科學先進的標準實施方式和方法。

三、企業標準化的編號規定

1.範圍

本標準規定了公司標準化體系中各類標準的分類原則和編號方法。

本標準適用於公司標準化體系中所有法律法規、國家標準、行業標準、企業標準及公司自行制定的各類標準和制度。

2.引用文件

標準化工作指南：標準化和相關活動的通用辭彙

企業標準體系表編制規定

3.術語

⑴企業基礎標準

在企業範圍內作爲其他標準的基礎，普遍使用並具有指導意義的標準。

⑵企業技術標準

對企業標準化領域中需要協調統一的專業技術事項所制定的標準。

⑶企業管理標準

對企業標準化領域中需要協調統一的管理技術事項所制定的標準。

⑷企業工作(作業)標準

對企業標準化領域中需要協調統一的工作(作業或操作)事項所制定的標準。

⑸產品標準、服務標準(或規範)、安全標準、衛生標準等術語及其定義均按有關標準規定執行。

4.企業標準的分類名稱及其分類編號

企業標準的分類名稱應該與 YHB 01.02 中的標準類別名稱規定一致，並依次確定其分類號。

⑴企業基礎標準的分類名稱與分類號見表 10-1。

表 10-1　企業基礎標準分類名稱及其編號

序號	分類名稱	分類號
1	企業標準化工作規則	
2	數值與計量單位標準	
3	技術製圖標準	
4	術語標準	
5	符號、代號、信號、標誌標準	
6	資訊分類編碼標準	
7	統計方法標準	
8	其他基礎標準	

⑵企業技術標準的分類名稱與分類號見表 10-2。

表 10-2 企業技術標準分類名稱及分類號

序號	分類名稱	分類號
1	技術基礎標準	
2	產品標準	
3	設計標準	
4	原材料(輔料)標準	
5	能源標準	
6	設備(工裝、工具)完好標準	
7	定額標準	
8	在製品(半成品)質量標準	
9	生產技術標準	
10	外協件(外購件)質量標準	
11	質量檢測(化驗)方法標準	
12	安全(衛生)標準	
13	環境保護標準	
14	計量器具檢定規程	
15	文件格式標準	
16	包裝、儲運標準	
17	電腦軟體標準	
18	其他技術標準	

⑶企業管理標準的分類名稱與分類號見表 10-3。

表 10-3　企業管理標準分類名稱與分類號

序號	分類名稱	分類號
1	管理基礎標準	301~309
2	品質管制標準	310~313
3	技術管理標準	
4	物料管理標準	
5	能源管理標準	
6	設備管理標準	
7	定額管理標準	
8	生產管理標準	
9	技術管理標準	
10	檔案管理標準	
11	資訊管理標準	
12	安全(衛生)管理標準	
13	環境保護管理標準	
14	計量管理標準	
15	文件格式管理標準	
16	成本管理標準	
17	電腦管理標準	
18	其他管理標準	

⑷企業工作(作業)標準的分類名稱與分類號見表 10-4。

表 10-4　企業工作標準分類名稱與分類號

序號	分類名稱	分類號
1	通用工作標準	
2	公司級領導幹部崗位工作標準	
3	中層管理幹部崗位工作標準	
4	一般管理人員崗位工作標準	
5	分廠(車間)工人崗位作業標準	
6	輔助生產工人崗位工作標準	
7	輔助生產工人崗位服務標準	

心得欄

第十一章

企業標準化的考核

一、標準化的審查

企業實施標準的狀況如何？有否認真全面實施？有無成效？要獲知上述問題，就必須開展標準實施的檢查。標準化審查則是企業最常用的標準實施的檢查方法之一。

標準化審查主要是由企業依據標準化法規與標準對技術和管理文件，技術圖樣等是否符合標準化法規和標準規定的評價性審查活動。

企業標準化審查的對象和領域主要是：

⑴技術文件和圖樣制定過程；

⑵研製/開發新產品或改進老產品過程；

⑶技術改造、技術引進和設備進口過程；

⑷管理體系文件的編制，審批過程。

現依次介紹如下：

企業在日常生產經營活動中，需要設計和編制各種各樣的技術文件和圖樣，爲了確保這些技術文件和圖樣符合相應的國家/行業以及企業標準，確保這些文件和圖樣的正確適用，並方便於國內外技術交流和貿易，必須對其進行標準化審查。

1.技術文件的標準化審查

技術文件的標準化審查主要是對產品使用說明書，合格證/質量證明書，設計或技術任務書，合約/標書等各類技術文件的格式及其內容是否符合標準/法規的審查。例如審查：

⑴相關技術文件之間，技術文件與技術圖樣之間，所用的術語、符號、代號、技術性能參數指標，技術要求等是否統一、協調、一致。

⑵技術文件是否符合有關法律法規及一些強制性標準規定。

⑶技術文件的幅面、格式、名稱、編號是否符合企業相關標準的規定。

⑷技術文件的編制/繪製方法是否正確、完整、清晰等。

2.產品和技術圖樣的標準化審查

產品技術圖樣繪製後，應經企業標準化歸口部門標準化審查。審查的項目和內容主要是：

⑴產品和技術圖樣的幅面、格式、名稱、編號、標題欄等是否齊全，並符合標準規定。

⑵產品和技術圖樣的圖形、尺寸標註等是否符合技術製圖及尺寸標註方面標準規定。

⑶產品和技術圖樣中的術語、符號、計量單位是否符合有關標準規定。

⑷技術要求和相關文字說明是否正確、簡短、易懂、清晰等。

對機械電器產品來說，還要審查：

⑸是否最大限度地採用了標準件、通用件。

⑹標明的外形尺寸、連接尺寸、安裝/裝配尺寸是否正確合理。

⑺尺寸公差和形位公差、表面粗糙度、熱處理和表面處理要求是否符合標準規定。

⑻選用的結構要素、材料、牌號/規格是否符合有關標準；是否符合術語技術標準或文件的要求等。標準化檢查意見單參見表 11-1：

表 11-1　標準化檢查意見單

在進行＿＿＿＿(檔案名稱及代號)的標準化檢查時，發現下列缺陷及不符合標準的情況必須加以修正。

序號	差錯項目	數量
1	明細表文件欄中設計文件不全	
2	明細表不按級、類、型、種順序編寫	
3	明細表中外購件不按規定順序編寫	
4	明細表中幅面與實際圖紙不符	
5	明細表中代號與實際圖紙不符	
6	明細表中代號與實際圖紙不符	
7	明細表中數量與裝配圖明細欄不符	
8	明細表中裝入錯誤或遺漏	
9	裝配圖明細欄不按級、類、型、種順序編寫	
10	裝配圖明細欄外購件不按規定順序編寫	
11	裝配圖明細欄的序號與視圖上引出線序號不符	

續表

12	元件目錄不按規定順序編寫	
13	接線圖的線號、符號與明細欄、導線表及佈線說明不符	
14	電原理圖的位號、規格與目錄不符	
15	各類設計文件未按本廠規定的格式編制	
16	文字內容的設計文件的編寫未按本廠規定	
17	文字內容的設計文件內容不簡練、不通順、不準確	
18	借用件的圖紙尚未歸檔	
19	借用件未在明細表的備註欄中註明	
20	代號或名稱未按十進分類編號原則規定	
21	單位重量及單位未寫或寫錯	
22	階段標記未寫或不統一	
23	關鍵元器件標記標錯	
24	關鍵件、重要件特性標誌錯誤或遺漏	
25	各級人員簽署不全	
26	引證上級標準差錯或非現行有效	
27	引證本廠企業標準(包括各類典型技術)差錯	
28	典型技術中材料牌號、分子式、標準號遺漏	
29	金屬材料品種、牌號、技術條件未按本廠規定	
30	非金屬材料品種、牌號、技術條件未按本廠規定	
31	電線、電纜品種、牌號、技術條件未按本廠規定	
32	鍍覆與塗覆標準未按本廠規定	
33	元器件無技術標準、技術協定及生產單位	
34	文字及圖形符號差錯	

續表

35	名詞、術語、計量單位不統一	
36	錯別字及標點符號用錯	
37	國標公差與配合標誌差錯	
38	國標形位公差標誌差錯	
39	視圖投影、剖面、斷面繪製及配置錯誤	
40	尺寸遺漏及標誌差錯	
41	光潔度符號註錯或公差等級不對應	
42	比例尺選用未按規定	
43	底圖水跡、墨蹟、破損	
44		
45		
46		
建議或說明：		

二、標準實施的檢查和考核

企業標準化實施的檢查，除了標準化審查外，還有標準實施的檢查、檢驗、驗證、評審和審核等。檢查包括檢驗、試驗、驗證、確認、鑑定、評審和審核。

檢驗是「通過觀察和判斷，適當時結合測量、試驗所進行的符合性評價」。

試驗是「按照流程確定一個或多個特性」。

驗證是「通過提供客觀證據對規定要求已得到滿足的認定」。

確認是「通過提供客觀證據對特定的預期用途或應用要求已得到滿足的認定」。

鑑定是「證實滿足規定要求的能力的過程」。

評審是「爲確定主題事項達到規定目標的適宜性、充分性和有效性所進行的活動」;

審核是「爲獲得審核證據並對其進行客觀的評價，以確定滿足審核準則的程度所進行的系統的、獨立的並形成文件的過程」。

從上述各種檢查活動的概念和定義可以看出，檢查的依據就是標準規定的流程、準則、要求、特性和目標，也就是相關的標準，如產品質量檢驗/試驗的依據是產品(包含材料、半成品等)標準。

標準化審查主要闡述了標準、技術標準及體系標準，在企業技術和管理設計/策劃過程產生的文件與圖樣中的實施檢查。

(一)產品標準實施的檢驗/試驗

產品，主要是硬體和流程性材料產品，包括其原輔材料、半成品/中間品，外協件/外購件都要依據其產品標準進行檢驗，化驗或型式試驗，以確定它們是否合格。

首先是應確認企業的檢測儀器設備是否符合產品標準規定的要求，如果檢測儀器設備欠缺，或測試精度不符，則爲不具備產品標準的實施能力，必須購置配齊。

其次是產品檢驗人員應具備檢測技能。能正確抽樣，檢測並進行資料分析和處理，這就需要培訓合格，獲得相應的資格證書。

還有檢測環境條件應符合相關標準規定的要求，如溫度、振動、電磁干擾、光度等。

表 11-2　××產品檢驗單

JAB 510-04

產品名稱			規格型號		
檢驗依據					
生產單位		責任人		數　量	
檢驗記錄					
檢驗結論					
備　註					

總之，企業的產品檢測系統，尤其是檢測/標準實驗室應符合 ISO/IEC 17025《校準和檢測實驗室能力的通用要求》，必要時，通過國家實驗室認可，才能確保產品標準的全面實施。

(二)生產技術紀律檢查和設備「點檢」

生產技術紀律檢查是對生產技術標準實施狀況的檢查。設備點檢則是對設備完好標準實施狀況的檢查。現分別敍述如下：

1.技術紀律檢查

生產技術標準是根據產品設計文件和圖樣的要求，把原材料或半成品/中間品加工製造成產品的方法標準和過程標準。它們是企業工人進行生產製造與管理的重要依據。爲此，企業一般都要在認真總結生產實踐經驗的基礎上，以降低生產成本，提高效率和質量，確保安全生產為目的。運用標準化的方法，對有重覆性特徵的技術文件、技術要素、技術工程進行制定和實施技術標準；很多行業也為此制定了一些具有共性的技術標準化工作導則。例如機械行業部門就制定了 JB/T 378 等技術方面的標準化導則。

企業的生產技術標準類別很多，主要有技術術語、符號、代號等技術基礎標準，直接涉及產品生產製造的技術定額標準技術配方標準和技術方法標準，還有裝備(包括工具模具、夾具等)標準及管理標準。

這些技術標準是否得到認真、全面地實施，企業一般由各生產車間技術員到現場進行技術紀律檢查或巡查的方式檢查；這種技術紀律檢查每月至少隨機開展一次，一些發現工人違反技術標準操作的，立即處理和糾正。

技術紀律檢查過程中應認真填寫技術紀律檢查單，作為產品質量審核，或生產工人業績考核的重要組成部分。

2.設備點檢

設備是企業生產經營中使用的各種機械裝置的總稱。設備點檢主要是由設備檢測人員，對設備(包括裝置、設施等)完好狀況進行定時定點的檢查。

設備點檢的依據就是設備完好標準和點檢標準。前者明確規定了設備的完整性，滿足技術要求的精度或技術要求，運行/運轉狀況(如潤滑、傳動等)及外觀整潔性等方面完好要求。後者則規定了點檢的流程方法，及有關故障防排查和預防的處理等要求。

由於設備是現代企業生產經營的必備重要「武器」，它們的完好狀況如何，直接關係到產品質量和企業效益。因此，對其實施必須進行認真的點檢。

(三)工作標準化的考核

企業管理，以人爲本。企業標準化工作也不例外，企業各類標準都要依靠員工去實施，而他們的工作標準(包括作業規程，服務規範)實施的考核，可以有效地推進企業各類標準的實施，因此，企業一般都十分重視對員工工作實施的考核，把它作爲人員測評工程的重要組成部分。

企業在工作標準化的實施，總結提煉了一些基本準則和各種各樣的方法，介紹如下：

1.企業工作標準化的考核準則

⑴領導以身作則，堅持以法治廠。企業領導在工作標準實施的考核中，應以身作則，起表率作用。如定期述職，讓職工代表，股東大會或監事會，評議考核其工作標準的執行狀況及其業績。又如在企業管理工作中，堅持「法治」，以標治企，有標必依，執標必嚴，違標必究。

⑵在標準面前人人平等，公平公正考核企業員工，無論職務大小，何種工種崗位，都應堅持在標準面前人人平等。依據標準、公平、公正地考核。絕不能寬嚴不一，徇私違標。

⑶工作標準實施的考核應與員工收入緊密相連，也就是說，考核結果優秀者，應給予經濟上的獎勵，考核結果不合格者，應給予經濟處罰。

⑷員工工作標準實施的考核要與企業工作、企業文化建設，及員工培訓教育等工作緊密結合起來。不斷提高員工標準法制意識和實施標準能力。

2.標準化的考核方法

企業工作標準實施的考核方法是多種多樣的，下面四種方法是企業常用的方法：

⑴對口考核法

這是對員工工作的對象或下道工序員工考核其工作標準實施的狀況。這種考核方法充分體現了「顧客第一」的指導思想。

⑵立體考核法

這是由員工的上級領導、同事及下級或下屬員工對其「立體三維」考核，當然這「三維」考核的權數並不是一樣的。如有些企業依次分別確定其權數爲 0.3、0.2 和 0.5。這就是說上述「三維」考核中，上級領導的考核佔 30%，同事的考核佔 20%，下級或下工序員工的考核佔 50%。顯然要比第一種考核方法公平、公正一些。

⑶借助某種工具考核法

有些企業借助星級符號、臂章等工具表達員工工作標準實施的考核結果，既有公開性和透明性，又醒目清晰。如一些運輸企業借助星級符號表達列車員，汽車服務員服務規範實施結果。

借助臂章考核員工，凡高於 90 分者，佩戴綠色臂章；考核得 85～94 分者，戴紅色臂章；小於 85 分者，則不戴臂章；如一年內有 6 次以上佩戴綠色臂章的員工，則可以晉升半級工資，授 20 天旅遊假期。相反，一年中有 6 次以上不掛臂章的，管理人員就地免職，取消資金。其他員工不升工資一次，並取消資金。

⑷末位淘汰法

目前，很多企業在員工工作標準實施的考核中，採用了末位淘汰法，就是在考核後，位於最後一個或最後 3 個的員工，分別給予免職下崗、離崗培訓或訓誡等處理。

(四)管理體系標準實施的審核

在現代企業，標準化的效益往往不是由一項標準的實施產生，而是由一類標準甚至一個體系的標準實施後產生的；這就要求企業認真重視建立和實施體系標準。如品質管制標準體系、環境管理體系標準、職業健康安全管理體系標準、測量管理/計量檢測體系標準等。

而這些體系標準實施的檢查方法就是體系審核，首先是企業內部審核，即由企業組織內部審核員對某一體系標準文件實施的狀況進行系統的、獨立的、客觀的評價。其次是管理評審，對某一體系的適宜性、充分性和有效性進行評審。

1.內部審核的依據和原則

企業內部審核是推進體系標準全面、持續實施的有效手段。其依據主要是：

- 企業管理體系標準文件。如質量、環境管理手冊、流程文件，質量計劃、環境、安全管理方案，作業指導書等；
- 企業適用的法律、法規、規章與標準；
- 合約/標書或企業對顧客的承諾；
- 《質量和(或)環境管理體系審核指南》。

依據國內外企業內部審核的經驗和標準規定，內部審核應遵循下列原則：

⑴隨機抽樣原則

內部審核是體系過程的抽樣審核，因此遵循隨機抽樣的原則，以確保公正、客觀、合理。

⑵獨立性原則

內部審核員應獨立於受審核的活動，以確保其沒有利益上的衝突，不帶任何偏見。

⑶基於證據原則

審核發現和審核證據應建立在可獲得資訊的抽樣審核樣本基礎上，能被證實，而不是主觀猜測和推斷。

⑷文件化原則

內部審核的策劃、輸入和輸出都有文件和記錄。

2.內部審核的流程

圖 11-1 內部審核一般流程

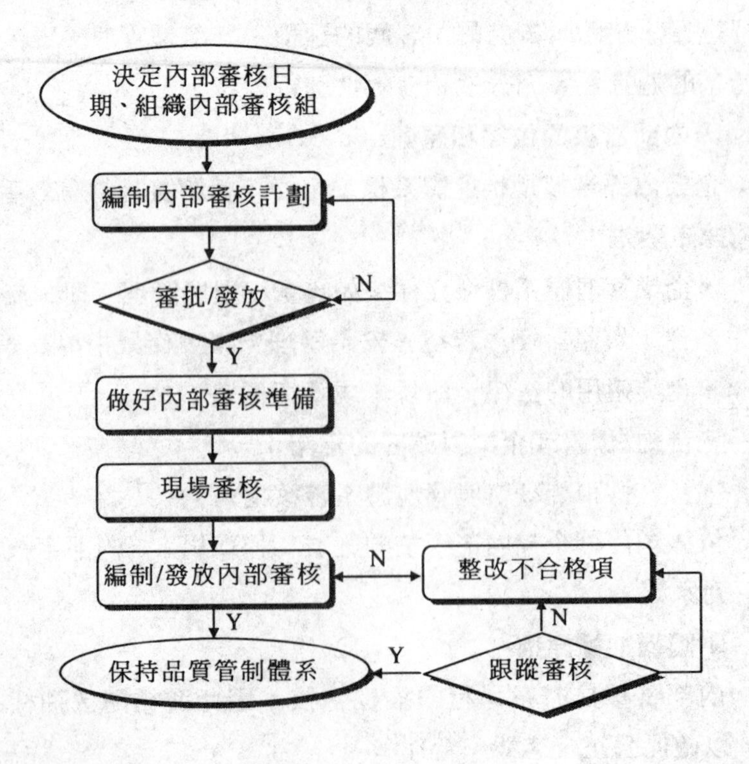

每年年初，企業體系歸口部門應編制年度內部審核計劃，策劃內部審核的時間、頻率，受審部門。

⑴**組織內審核**

企業體系歸口部門，依據年度內部審核計劃，屆時提出並經管理代表同意抽調內部審核員，任命內部審核組長，建立內部審核組。

⑵**編制審核方案**

內部審核組長依據年度內部審核計劃的安排和企業實際需要，確定內部審核的目的、受審部門、時間進度、編制審核方案，報管理者代表審批。

⑶**內部審核準備**

審核方案經批准應提前一週下發受審部門/單位，受審部門/單位應認真做好審核準備。內部審核組成員也應在內部審核前做好分工，編制內部審核工作文件。如：編寫內部審核檢查表，準備內部審核現場記錄表等。

⑷**現場審核**

內部審核組依據審核方案到受審部門/單位進行內部審核，依據審核依據，發現和記錄不合格項。並在末次會議上向受審部門/單位報告內部審核結論宣佈不合格項報告。

⑸**編制和發佈內部審核報告**

在內部審核結束後三天內，內部審核組應編制並經管理者代表審批後發放內部審核報告。

凡收到附有不合格項報告的受審部門/單位應立即分析原因，採取糾正措施。

在各受審部門/單位完成不合格項的整改之後應組織跟蹤審

核、驗證整改成效。內審結束後企業體系歸口部門應及時把該項內部審核的文件與記錄整理歸檔。同時，推動體系正常有序地運行。

心得欄

第十二章

企業標準化的效果評價

一、企業標準化的效果

企業標準化爲什麼能產生效果？究其實質，是由於它對企業和生產經營活動施於多方面的有益影響，促進了企業生產力的發展。

1. 標準化為企業生產活動確立了活動準則，使企業的活動有序化、規範化

⑴爲企業專業化協作確立了指揮權威，從而促進了企業生產率的迅速提高。

如果把企業生產的管理比喻爲一個樂隊的演奏，那麼標準就是其樂章，標準就是音符，沒有音符，沒有樂章，就無法指揮，各奏各的調，勢必產生混雜的噪音，也就沒有音樂效果。

同樣，沒有標準化，企業專業生產也就無法存在或者不可能組合(裝)成飛機、汽車，甚至衣服、鞋子等人所需的商品。

⑵標準化使企業的各種活動減少了盲目性，具有明確的目的性。

一個企業的生產經營系統都是一個不可分割的整體，但組成這個整體的各個單元或子系統都是互相獨立又相互依存、相互作用，其中任何一個單元或子系統的活動，都必須對其他單元或子系統進行影響，必須同步協調活動，才使系統發揮最佳功能，達到整體最佳目標，即生產出價廉物美、滿足社會需要的產品等。

只有產品標準，沒有相關的技術標準與其配套，那就實施不好；只有技術標準，沒有對應的管理標準，技術標準的實施也沒有保證；沒有落實到工作(作業或服務)標準上，那產品質量更沒有保障。

2.標準是企業生產實踐經驗和科學技術的結晶，標準化促使它們轉化為企業生產力

眾所週知，一項企業標準的產生，就是企業經驗的科學總結，也是有關科學技術的積累和結晶。

企業標準的修訂，則是由行之有效的新經驗取代其中一些過時陳舊的老經驗，由新的科學技術取代舊的落後的科學技術，企業標準化就是不斷的把標準轉化爲直接生產力的過程。

標準化必須和最新科學技術成果的推廣保持同一前進的步伐，這樣標準化就能把企業的先進經驗、最新的科學技術成果不斷地轉化爲生產力，從而產生很大的經濟效果。

3.標準化可以在企業內重覆發生的勞動過程中，儘量減少重覆的勞動耗費

所謂重覆勞動耗費，就是指在勞動過程中，勞動或活動的支出重覆，而標準化的功能是儘量減少或消除重覆的不必要的勞動支出。其途徑大致有兩種：

第一是直接減少或避免重覆的耗費。如零件標準化後就減少了重新設計、重新製作工裝等方面的勞動耗費，技術標準化就是減少或節省了重新編制技術的勞動耗費，企業管理標準化則節省了多次發生同類管理事件時的分析、研究、決策等方面的勞動耗費。

第二是儘量擴大勞動的重覆利用，即提高成果的利用率，這就意味著相對地降低了勞動耗費。如通用化就是擴大勞動成果利用範圍的典型形式，標準的覆蓋面越大，其重覆利用的頻次越多，降低的重覆耗費也越大。

4. 標準化促進了產品(工程和服務)質量的提高，從而擴大銷路、增收節支，為企業帶來效果

產品質量好壞反映產品滿足用戶需要的程度高低。商品在市場上的競爭，主要表現爲質量之爭，只有以質取勝才能贏得用戶信任，擴大銷路。而企業推行標準化，才能穩定地提高產品質量。在國際市場上，日本的電子產品、汽車等之所以能在西歐、北美高度工業化地區暢銷，其根本原因之一就在於此。

嚴格執行各類標準，可以提高成品率，提高優等品率，降低廢品率和次品率，按照優質優價政策，優等品可以提高售價，使企業直接增加收入。而廢(次)品率降低則可以爲企業原輔材料，節省能源，減少勞動工時的消耗，從而降低生產成本。

雖然由於嚴格實施標準而增加投資，提高了成本，但高質量的產品就可提高其聲譽和銷售量，使增加的這部分投資完全可以從節約與多銷中得到補償，最終仍使企業獲取較大的經濟效果。

相反，不認真貫徹標準，產品質量低劣，就會使企業產品無銷路而破產關門，那就根本談不上經濟效果大小了。

5.**標準化使產品品種規格合理簡化，增大生產批量，從而降低成本，獲得顯著的效果**

由於群眾需要豐富多彩的商品，企業爲了競爭要不斷開發新產品，而新產品新技術的採用，又提供了多樣化生產的條件，社會生產客觀上總存在著多樣化的趨勢。

但是，多樣化生產卻給生產企業帶來許多困難，經濟效益也差，如生產中所需配料、零件、設備要增加，造成固定資產和流動資金佔用量提高，設計工作週期長，生產組織管理複雜等。

而標準化卻能在滿足市場多樣化的前提下，合理簡化產品品種，從而縮短設計週期，降低了原材料消耗，增大了生產批量，同時還有利於採用先進技術，有利於工人技術水準的提高，從而取得顯著經濟效果。

如美國福特汽車公司早在 1815 年就研究了增大產量與降低製造成本的關係，該公司 1909 年至 1914 年的年產量與成本資料見表 12-1。

表 12-1 美國福特汽車公司產量和成本匯兌表

年 份	產 量	成材(美元/輛)
1909	10607	950
1910	18664	780
1911	34528	600
1912	78440	600
1913	168000	550
1914	248000	490

根據上表資料，可繪製出下列曲線(見圖 12-1)。

圖 12-1 美國福特汽車公司產量-成本函數關係圖

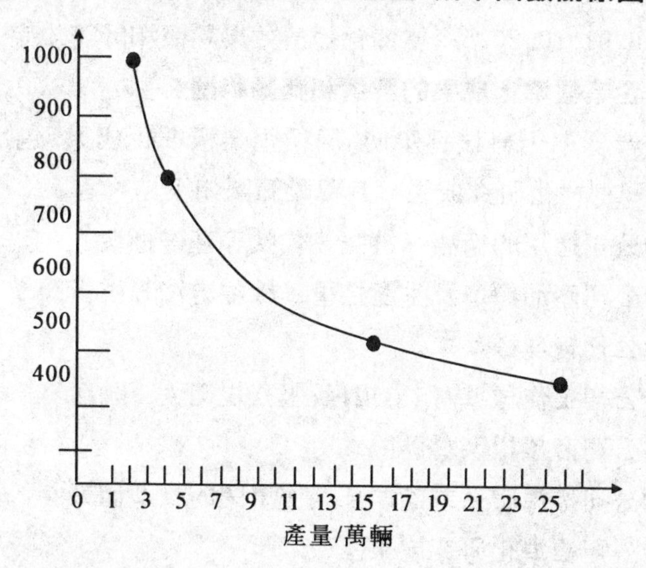

從圖 12-1 曲線中可以明顯看到，在五萬輛汽車產量內，成本隨產量增加呈急劇下降的趨勢，從五萬輛增至 10 萬輛，每輛汽車成本大約降低 15%，產量達 20 萬輛時，每輛成本降低 10%，此後，成本降低幅度就很小了，這樣就可以建立一個數學模型，見公式(15-1)：

公式：$Y=X^{-0.25}$ (公式 15-1)

二、企業標準化成果的評選

1. 範圍

本標準規定了公司標準化成果評選獎勵的範圍、等級及其評選方法等。

本標準適用於××公司。其他企業單位亦可參照執行。

2.引用標準

YHB 01.10-2004　標準化經濟效果評價和計算規定

3.企業標準化成果的評選和獎勵範圍

企業標準化科技進步獎（簡稱企業標準化成果）包括公司標準和公司標準化研究成果。其獎勵範圍如下：

⑴公司通用的術語、符號、代號等基礎標準；

⑵公司產品標準及生產技術、檢驗方法等技術標準；

⑶公司管理標準；

⑷公司工作標準/作業規程/服務規範；

⑸公司考核標準（細則）；

⑹公司標準體系或某一部門、車間的標準體系；

⑺公司標準化研究成果；

⑻公司標準化情報、調研報告；

⑼爲實施企業標準而研製的新技術、新方法、新儀器等。

4.企業標準化成果等級

公司標準化成果按技術水準、技術難度、效果多少或貢獻大小分爲三個等級，其獎金規定如下：

一等獎，發榮譽證書和獎金 1000 元以上。

二等獎，發榮譽證書和獎金 500 元。

三等獎，發榮譽證書和獎金 200 元。

5.企業標準化科技成果評選辦法

⑴申報

①每項標準化科技成果應按規定評價和計算標準化成果並經總會計師或財務部門負責人認可。

②每年元月 1 日～30 日為各部門申報公司標準成果獎時間，申報時應填寫《企業標準化科技進步獎申報書》，並備齊下列附件：

a)標準或標準體系表及其編制說明；

b)標準化經濟效果總結或計算；

c)其他有關證明文件。

③企業標準化科技進步獎的呈報單位應為歸口單位，協作單位應寫明，項目主要完成人應在 5 人之內。

⑵評選

①企業標準化管理部門應對申報的標準化科技進步獎項目進行初審，核實其材料的真實性和正確性。

②企業標準化管理委員或企業科技進步獎評審委員會應在每年的 2 月～3 月內召開評審會，確定其獎勵等級。

⑶獎勵

①企業標準化科技進步獎應在企業年度表彰會上獎勵，分配獎金時應合理分配給項目的主要完成人，防止平均主義。

②企業標準化科技進步獎項目可推薦到地區及部門科技進步獎評選項目，如獲獎，應在不重覆發放獎金的原則下，補發獎金差額部分。

③榮獲企業標準化科技進步獎的集體和個人應優先評為企業年度模範。

④對企業標準化工作做出顯著成績並獲得較大經濟效益者，應在技術職稱評聘、晉升及生活福利待遇上優先考慮。

⑤獲獎項目主要完成者的證明資料納入本人檔案，作為其工作職務與職稱考核、晉升的重要依據之一。

第十三章

企業標準化的改進

一、企業標準化體系的自我評價

企業標準化體系建立之後，應定期進行自我評價。這種自我評價是「企業爲確定其建立和實施標準體系所涉及的各項標準以及相關聯的各種標準化工作是否達到規定目標的適宜性、充分性和有效性進行的活動」。

開展企業標準化體系的自我評價目的是確定企業標準化體系的適宜性、充分性和有效性，以尋找改進的機會，達到持續改進企業標準化工作的目的。

(一)企業標準化體系的自我評價

爲了保證企業標準化體系自我評價的公正性和有效性，評價人員應堅持和遵循下列四項基本原則：

⑴實事求是原則

企業標準化體系的自我評價依據和規則評分表必須符合企業的行業特點，必須符合企業產品及其生產經營特性，必須符合企業標準化工作實際情況。

⑵獨立公正原則

企業標準的自我評價人員，應以企業生產經營，技術人員爲主，企業標準化部門人員爲輔，且評價人員不評價其工作部門。必要時，應聘請企業外標準化工程師爲評價人員，以確保企業標準化體系自我評價的獨立性、客觀性和公正性。

⑶資料為主原則

企業標準化體系的自我評價過程中應始終堅持以客觀證據爲主要判定依據，堅持資料分析的原則，反對主觀臆測和推測確定的做法。

⑷持續改進原則

企業標準化體系的自我評價應認真尋找改進企業標準化工作的機會，即存在的缺陷和問題，反對評功擺好。對存在問題視而不見，或輕描淡寫的做法，也反對查出問題只追究經濟責任，與經濟處罰掛鈎的做法。

(二)企業標準化體系自我評價的流程

1.企業標準化體系自我評價流程

企業建立標準化體系三個月後，可以開展自我評價，企業標準化體系評價的一般流程見圖 13-1。

圖 13-1　企業標準化體系評價流程

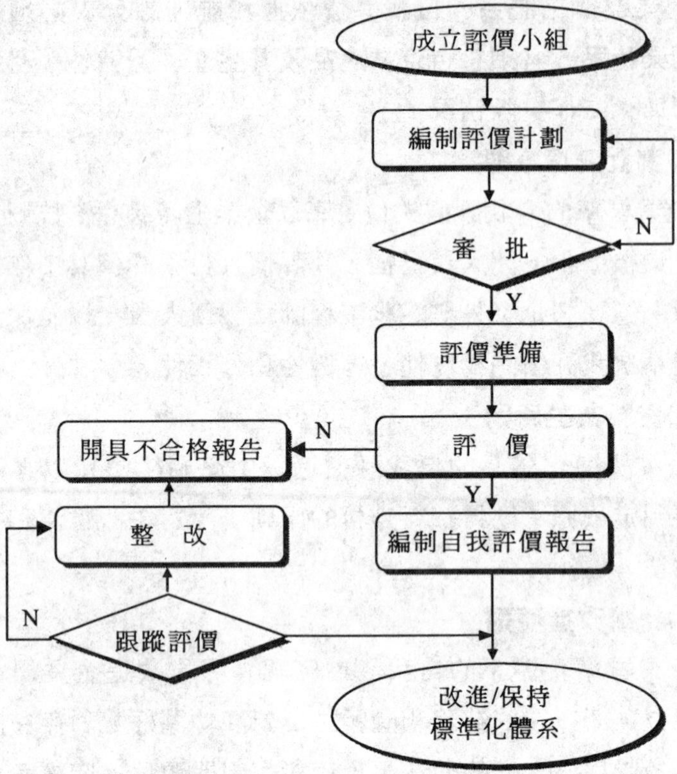

成立評價小組
編制評價計劃
審　批
N
Y
評價準備
評　價
N
開具不合格報告
Y
編制自我評價報告
整　改
N
跟蹤評價
改進/保持
標準化體系

(1)**成立評價小組**

企業標準化體系自我評價小組一般依據最高管理者(總經理或總經理辦公會議)審定，臨時設立，並確定一名企業領導成員擔任組長。

自我評價小組人數一般爲 5 人～7 人，他們均應掌握企業技術與管理知識，經過企業標準化培訓，並考核合格的企業各職能部門專、兼職標準化工程師，有時也可外聘 1 名～2 名企業外標準化專家。

⑵**編制評價計劃**

評價小組組長應在現場評價一週前編制完成評價計劃，內容應包括評價目的、依據、時間進度、接受評價的部門/單位等內容。

評價計劃應由企業主要領導審查批准後下發到有關部門/單位，並做好評價準備，包含評價工作文件，記錄的準備及被評價部門/單位工作上的安排等。

⑶**開展評價活動**

企業標準化體系自我評價小組應依據《評價計劃》以及《評價記錄表》(見表 13-1)認真實施評價。

表 13-1　企業標準化體系評價表

被評價部門			部門負責人	
評價人員姓名			評價日期	
評價依據				
序號	評價專案和內容	評價要點	現場檢查記錄	評價結果
1				
2				
……				

評價人員可以通過觀察、詢問、抽查記錄、檢驗/驗證等方式獲取企業標準化體系建立和實施的客觀證據。

對不符合企業標準化體系要求的問題，評價人員應開具不合格項報告，並確定其嚴重程度，如嚴重不合格或一般不合格。不合格報告見表 13-2。

表 13-2　不合格項報告

編號：　　　　　　　　　　　　　　　　　日期：

受評價部門		責 任 人		確 認 人	
評價人姓名		評價日期		發生日期	
不合格項事實					
不合格性質	嚴 重		一 般		
部門負責人確認					
原因分析、糾正措施及完成時限			審批人：	日期：	
糾正措施實施情況			部門負責人：	日期：	
驗證意見			評價人員：	日期：	

⑷編制自我評價報告

企業標準化體系自我評價活動結束時，評價小組應編制自我評價報告，其內容和格式參見表 13-3。

同時，評價小組應在企業中層以上管理人員會議上作一次系統的評價彙報，並宣佈評價結論及發現的不合格項報告。

⑸整改與跟蹤評價

負有不合格項報告指出的責任部門/單位，應儘快分析原因確定糾正措施，實行整改。整改後應由評價人員進行跟蹤評價，寫出驗證意見。

表 13-3　標準化體系自我評價報告

評價日期				
評價目的				
評價範圍				
評價依據				
不合格項狀況				
主要糾正措施要求				
評分項目	規定得分	扣　分	實際得分	得分說明
標準化管理工作	80			
技術標準體系	120			
管理標準體系	50			
工作標準體系	50			
技術標準體系、管理標準體系和工作標準體系實施與改進	100			
加分項目	100			
合　計	500			最後得分
評價結論	組長　　年　月　日			
企業標準化體系改進要求				
企業最高管理者意見	簽字(蓋章)　　年　月　日			

評價小組人員名單

姓　名	工作部門(單位)	職務(職稱)	簽　字

(三)企業標準化體系自我評價的方法

企業標準化體系自我評價的主要方法是：

⑴隨機抽查法

即對受評價部門/單位標準化子體系的建立和實施進行隨機抽查樣本，進行評價。這就要求抽取的樣本有隨機性、代表性和客觀性。

⑵系統評定法

即對被評價的企業或其部門/單位的標準化工作進行全面系統的評價，而不是僅評價其部分要求。

⑶定量打分法

即對企業標準化體系的內容，依據企業實際情況，按照企業標準化管理工作、技術標準體系、管理標準體系、工作標準體系、標準實施能力和實施狀態等模組單元。確定具體評價項目和分數，以實現定量打分，有突出成效或事故/問題的則另行加/減分，見表 13-4，表 13-4 僅是指導性的評分表，每個企業應根據實際狀況，按表 13-4 加以細化爲項目，並確定評價分數標準。

二、企業標準化體系的確認內容

1.標準化工作的要求

⑴應制定企業標準化方針、目標或在總方針和目標中對標準化工作提出具體要求。

⑵應有完整的標準化組織機構網路和明確的標準化職能。

⑶應制定適合企業發展要求的標準化規則、計劃和員工的標準化培訓計劃。

表 13-4　企業標準化體系自我評價分數一覽表

評價類名	評價專案要求	額定分數	評價結果	評價分數	說明
1.企業標準化管理工作	1.企業標準化規劃/計劃 2.企業標準化組織 3.企業標準化人員	100 分			
2.產品標準水準	1.產品標準受益率 2.產品標準水平	20 分			
3.技術標準體系	按企業實際劃定具體項目	80 分			
4.管理標準體系	按企業實際劃定具體項目	50 分			
5.工作標準體系	按企業實際劃定具體項目	50 分			
6.基礎標準體系	按企業實際劃定具體項目	50 分			
7.標準實施能力	1.計量檢測能力 2.設備完好程度	50 分			
標準實施狀況	1.產品質量監督抽查合格率 2.管理體系/產品質量認證狀況	100 分			
總分		500 分			

⑷標準化資訊管理應符合要求。

⑸建立能滿足企業生產經營需求且完善的企業標準體系，符合基本要求，企業標準體系表應基本符合編寫要求。

⑹企業標準的制、修訂應符合規定，標準的實施符合標準要求。

⑺採用國際標準和國外先進標準應符合要求。

2.產品標準的要求

⑴企業批量生產的產品或提供的服務都有產品標準。

⑵企業標準水準處於國內同行業的先進水準。

⑶如是「採標」產品，應通過「採標」驗收，使用「採標」標誌，或有第三方認可機構出具的證明材料。

3.技術標準體系的要求

技術標準體系包括體系表、目錄、編號。

技術標準體系的構成應結合企業的生產經營規劃/計劃，構成內容科學合理，基本符合企業技術標準體系層次結構形式。

4.管理標準體系和工作標準體系編制要求

⑴管理標準體系和工作標準體系(包括體系表)符合企業實際；構成合理、結構完整，基本符合要求。

⑵管理標準體系的構成參照執行管理標準體系結構形式。

⑶工作標準體系(包括體系表、目錄、編號)構成合理，編寫內容、格式基本符合要求。

⑷工作標準應有檢查、考核要求，各種記錄、表格應根據企業的實際情況編制等。

5.標準實施能力和狀況

⑴有技術標準、管理標準和工作標準的實施監督計劃和實施

流程。

⑵技術標準、管理標準和工作標準的實施應滿足企業標準化的要求。產品質量、生產安全、職業健康、環境保護等均應符合相關標準要求。

⑶設備、物料資源的檢驗、試驗的合格率應滿足標準規定要求，並有相應記錄或報告。

⑷產品實現過程和服務提供過程的質量控制，每道工序都應按標準檢驗合格，並有記錄。

⑸包裝、搬運、貯存、安裝、交付實施的質量控制，應符合標準要求，並有記錄存檔。

⑹營銷和服務程序控制應符合標準，能滿足顧客要求。各部門協調、溝通、配合默契，對不合格項有糾正和預防措施。

⑺新產品開發、改進、技術改造、技術引進的標準化審查，應符合有關標準化法律、法規、規章和強制性標準的要求。

⑻標準實施的監督檢查應符合要求。

⑼應建立標準體系評價與持續改進機制，並通過對不合格項的測量、分析、評審，制定改進措施和跟蹤措施，不斷完善企業標準體系和各項標準化管理工作等。

企業標準化體系的具體確認內容與要求，一般由確認機構編制《評分表》，參見表 13-5。

表 13-5 企業標準化體系評分表

確認內容和要求	評價結果	規定得分	小項得分
一、標準化工作要求(80分)			
1.企業的方針、目標	1.有。 2.沒有。	5	5 0
2.有完整的標準化組織機構網路和明確的標準化職能	1.有，並有完整的組織機構網路圖。 2.沒有標準化機構，但有明確的標準化職能。 3.沒有組織機構，標準化職能也不明確。	10	10 8 0
4.標準化人員培訓	1.有計劃，並進行了培訓有記錄。 2.有計劃，沒有全部實現。 3.無計劃。	5	5 3 0
5.有適合企業發展要求的標準化規劃、計劃(包括標準的制、修訂、科研專案和採標計劃等)	1.有完整的標準化規定、計劃。 2.標準化規劃、計劃不完整。 3.沒有標準化規劃、計劃。	5	5 3 0
6.標準化資訊管理應符合要求(包括標準資料的收集，資訊的管理，以及各種文件的發放和存檔及企業電腦網路管理)	1.滿足要求和企業需要。 2.不滿足要求。 3.無標準化資訊管理。	5	5 3 0

續表

7.建立滿足要求而完善的企業標準體系，符合企業生產經營的要求，企業標準體系表慶基本符合要求。	1.標準體系結構合理；專案齊全，符合標準化要求，滿足企業需求，圖、表齊全、配套。 2.標準體系結構合理、專案齊全，圖、表齊全、配套但不能滿足企業需求。 3.標準體系結構基本合理、專案基本齊全，圖、表不齊全、配套。不能完全滿足企業需求。 4.標準體系結構基本合理，專案基本齊全、圖表不齊全，不配套。不能滿足企業需求。 5.標準結構不夠合理完善，圖、表不完全配套，不能滿足企業需求。 6.沒有建立企業標準體系	10	10 8 6 4 2 0
8.企業標準的制定符合採標準規定的要求	1.完全符合。 2.不完全符合。 3.不符合。	10	10 5 0
9.標準的實施應符合標準化的要求	1.完全符合。 2.不完全符合。 3.不符合。	10	10 5 0
10.標準實施的監督應符合有關標準化法規和標準的要求	1.完全符合。 2.不完全符合。 3.不符合。	10	10 5 0

續表

二、技術標準(120分)			
1.技術標準體系的構成符合企業實際和有關標準的要求	1.技術標準體系的構成合理，內容完整，滿足企業基本要求。 2.基本符合要求。 3.不符合要求。	10	10 5 0
2.技術基礎標準符合有關行業基礎標準要求	1.技術基本標準完整，滿足企業要求。 2.不夠齊全，完整。 3.無技術基礎標準。	10	10 5 0
3.設計技術標準符合有關行業標準要求	1.設計技術標準符合標準要求。 2.不完全符合標準要求。 3.不符合標準要求。	10	10 5 0
4.產品標準(含半成品、再製品)符合市場和有關標準要求，產品標準覆蓋率達到 100%並且備案，登記	1.產品標準符合標準要求。 2.不完全符合標準要求。 3.不符合標準要求。	10	10 5 0
5.採購標準應符合有關標準與企業生產的要求	1.採購標準齊全，符合標準要求。 2.不齊全，主要設備和原材料採購標準覆蓋率達不到 100%。 3.無採購標準。	10	10 5 0
6.技術標準應符合行業技術標準與企業技術要求	1.技術標準齊全、完整、滿足標準要求。 2.不齊全，不能滿足標準要求。 3.沒有技術標準。	10	10 5 0

續表

7.設備、設施和技術裝備技術標準應符合有關行業標準和企業標準化要求	1.標準完整、齊全。自製設備有。 2.不夠完整、齊全。 3.無主要和關鍵設備標準。	10	10 5 0
8.測量、檢驗、試驗方法及設備技術標準應符合行業與企業檢測要求	1.完全符合標準要求。 2.不夠完整，基本符合要求。 3.不符合標準要求。	10	10 5 0
9.包裝、搬運、貯存、標識技術標準應符合有關行業法規和標準要求	1.完全符合標準要求。 2.基本符合標準要求。 3.不符合標準要求。	10	10 5 0
10.安裝、交付技術標準應符合有關行業標準和企業要求	1.完全符合標準要求。 2.基本符合標準要求。 3.不符合標準要求。	5	5 3 0
11.服務技術標準應符合有關行業標準和企業要求	1.完全符合標準要求。 2.基本符合標準要求。 3.不符合標準要求。	5	5 3 0
12.能源技術標準應符合有關行業法規、標準要求	1.能源技術標準齊全、完整。 2.基本符合標準要求。 3.不符合標準要求。	5	5 3 0
13.安全技術標準應符合有關行業安全法規和標準要求	1.完全符合標準要求。 2.基本符合標準要求。 3.不符合標準要求。	5	5 3 0

續表

14.職業、健康技術標準應符合有關行業法規和標準的要求。	1.完全符合標準要求。 2.基本符合標準要求。 3.不符合標準要求。	5	5 3 0
15.環境保護技術標準應符合有關行業法規和標準要求	1.完全符合標準要求。 2.基本符合標準要求。 3.不符合標準要求。	5	5 3 0
三、管理標準和工作標準體系(100 分)			
1.管理標準的構成、結構應符合有關行業法規和標準要求。	1.完全符合標準要求。 2.基本符合標準要求。 3.不符合標準要求。	5	5 3 0
2.管理基礎標準應符合有關行業標準要求	1.完全符合標準要求。 2.基本符合標準要求。 3.不符合標準要求。	5	5 3 0
3.經營管理標準應符合有關行業法規、標準的要求	1.完全符合標準要求。 2.基本符合標準要求。 3.不符合標準要求。	5	5 3 0
4.設計、開發與創新管理標準應符合有關行業產業政策和標準的要求	1.完全符合標準要求。 2.基本符合標準要求。 3.不符合標準要求。	5	5 3 0
5.採購管理標準應符合有關法規、標準的要求	1.完全符合法規標準要求。 2.基本符合法規標準要求。 3.不符合法規標準要求。	5	5 3 0

續表

6.生產管理標準應符合有關法規、標準的要求	1.完全符合法規標準要求。 2.基本符合法規標準要求。 3.不符合法規標準要求。	5	5 3 0
7.品質管制標準應符合質量法規和標準的要求	1.完全符合法規標準要求。 2.基本符合法規標準要求。 3.不符合法規標準要求。	5	5 3 0
8.基礎設施與設備管理標準應符合有關法規、標準的要求	1.完全符合法規標準要求。 2.基本符合法規標準要求。 3.不符合法規標準要求。	5	5 3 0
9.測量、檢驗、試驗管理標準應符合計量有關法規和標準要求	1.完全符合工程標準要求。 2.基本符合工程標準要求。 3.不符合工程標準要求。	5	5 3 0
10.包裝、搬運、貯存管理標準應符合有關法規和標準要求	1.完全符合法規標準要求。 2.基本符合法規標準要求。 3.不符合法規標準要求。	5	5 3 0
11.安裝、交付管理標準應符合有關法規和標準要求	1.完全符合法規標準要求。 2.基本符合法規標準要求。 3.不符合法規標準要求。	5	5 3 0
12.服務管理標準應符合有關法規、標準要求	1.完全符合法規標準要求。 2.基本符合法規標準要求。 3.不符合法規標準要求。	5	5 3 0
13.資源管理和資訊管理標準應符合有關法規標準要求	1.完全符合法規標準要求。 2.基本符合法規標準要求。 3.不符合法規標準要求。	5	5 3 0

續表

14.安全管理標準應符合有關安全法規和標準化要求	1.完全符合安全法規標準要求。 2.基本符合安全法規標準要求。 3.不符合安全法規標準要求。	5	5 3 0
15.職業健康管理標準應符合有關法規和標準化要求	1.完全符合法規標準要求。 2.基本符合法規標準要求。 3.不符合法規標準要求。	5	5 3 0
16.環境管理標準應符合有關環保法規和標準要求	1.完全符合法規標準要求。 2.基本符合法規標準要求。 3.不符合法規標準要求。	5	5 3 0
17.工作標準的構成、格式、編號應符合有關標準要求	1.完全符合標準要求。 2.基本符合標準要求。 3.不符合標準要求。	5	5 3 0
18.工作標準的編寫應符合有關標準要求	1.完全符合標準要求。 2.基本符合標準要求。 3.不符合標準要求。	5	5 3 0
19.工作標準完整、齊全，能滿足實現技術標準和管理標準的需要	1.完全符合標準要求。 2.基本符合標準要求。 3.不符合標準要求。	5	5 3 0
20.以工作標準應有檢查、考核要求和記錄，符合標準要求	1.完全符合標準要求。 2.基本符合標準要求。 3.不符合標準要求。	5	5 3 0

續表

四、技術標準、管理標準和工作標準的實施監督與持續改進 100 分			
1.應制定技術標準、管理標準和工作標準的實施計劃和流程	1.有詳細的計劃、規劃，覆蓋率達到 100%。 2.有計劃，但覆蓋率不到 80%。 3.無計劃。	10	10 5 0
2.做好標準實施的組織、思想、技術和物質等條件的準備	1.做好充分準備，滿足實施要求。 2.基本做好準備。 3.沒做好準備。	10	10 5 0
3.標準、管理標準和工作標準的實施應滿足標準的要求，產品質量、安全生產、職業健康、環境保護的均應符合要求	1.完全符合要求。 2.基本符合要求。 3.不符合要求。	10	10 5 0
4.設備、物料、資源的檢驗、試驗合格率應滿足標準規定的要求	1.完全合格。 2.基本合格。 3.不合格。	10	10 5 0
5.產品實現過程的質量控制符合標準要求，產品實現或服務提供過程，每道工序都應按標準驗證合格並記錄	1.完全合格。 2.基本合格。 3.不合格。	10	10 5 0
6.包裝、搬運、貯存、安裝、交付實現質量控制應符合標準要求並有記錄存檔	1.完全合格。 2.基本合格。 3.不合格。	10	10 5 0

續表

7.營銷和服務過程應符合標準，能滿足顧客要求，各部門協調、溝通默契，對不合格有糾正和預防措施	1.完全滿足。 2.基本滿足。 3.不滿足。	10	10 5 0
8.企業開發、研製新產品，技術改造、技術引進的標準化審查應符合有關法規和標準要求	1.完全滿足。 2.基本滿足。 3.不滿足。	10	10 5 0
9.標準實施的監督檢查應符合有關標準的要求	1.完全符合要求。 2.基本符合要求。 3.不符合要求。	10	10 5 0

註：企業標準體系評價評分說明：總分數 400 分，加上加分爲 500 分。企業若沒有評價內容規定的專案(不包括加分項目)，按滿分計算，合格爲 320 分，評爲 320 分以上爲 A 級，370 分以上爲 AA 級，400 分爲 AAA 級，460 分以上爲 AAAA 級。

表 13-6 標準化在全面品質管制過程中活動內容

過程	全面品質管制	企業標準化
設計試製過程	1.根據用戶反映和國內外經濟情報、社會需要的實際調查，制定新產品的質量。 2.滿足製造生產技術要求適應企業技術經濟發展水平，使企業都取得較高生產效率和良好的經濟效益。	1.提出新產品標準化綜合要求和產品標準。 2.對新產品圖樣和技術文件進行標準化審查，以發現和糾正錯誤，提高其質量，避免投產後的混亂。 3.寫出新產品鑑定的標準化審查報告。

生產製造過程	1.建立能穩定生產合格品和優質品的生產系統。 2.抓好每個生產環節的品質管制。 3.嚴格執行技術標準，保證產品質量全面達到和超過標準要求。	1.制定生產技術、工裝等。 2.統一檢驗方法標準。 3.零部件、半成品質量標準化。 4.檢查執行各類標準情況。
輔助生產過程	根據生產需要，保證提供質量良好的物質條件，同時主動做好。現場管理工作，爲製造過程實現優質、高產、低耗創造條件。	制定並執行原材料、輔料、外購件、外協件標準、工具、量具和夾具、刀具、模具等標準，設備維修和保養標準，後勤服務工作標準等。
售後服務過程	1.做好對用戶的技術服務工作。 2.做好使用效果和使用要求的工作，爲進一步改善產品設計、改進生產技術、提高產品質量提供客觀依據。	1.通過廣告標籤、產品說明書等形式向用戶介紹產品標準規定，指導和幫助用戶正確使用產品。 2.積極向用戶提供與本企業有關的標準資料等。

第十四章

標準化手冊範例

目　次

11.標準實施的監督檢查

12.採用國際標準

13.標準化成果管理

14.標準化資料、經費管理

1.範圍

本標準規定了建立企業標準體系以及開展企業標準化工作的基本要求、組織機構、職責、標準的制定、修訂及審批程序，實施監督檢查和和標準化工作的管理要求。

本標準適用於公司各部門開展標準化工作。

2.術語和定義

下列術語和定義適用於本標準。

⑴企業標準化

爲在企業的生產、經營、管理範圍內獲得最佳秩序，對實際的或潛在的問題制定共同的和重覆使用規則的活動。

⑵企業標準體系

企業內的標準按其內在聯繫形成的科學的有機整體。

⑶企業標準體系表

企業標準體系的標準按一定的形式排列起來的圖表。

3.企業標準化工作的基本要求

⑴標準化工作的要求

①建立並實施企業標準體系；

②制定和實施企業標準；

③對標準的實施進行監督檢查；

④採用國際標準和國外先進標準；

⑤參加國內、國際有關標準化活動。

⑵標準化工作的方法

標準化工作方法採用過程的方法，運用 PDCA 模式(P-策劃，D-實施，C-檢查，A-處置)，不斷循環從而實現持續改進。依據企業標準化方針、目標，提供必要的資源，識別公司生產、經營、管理過程所需的標準，建立並實施企業標準體系；對標準實施情況進行監督檢查、對標準體系進行自我評價，發現問題，採取糾正措施，實現企業標準體系的持續改進；統一協調，提高效率，使各項生產、經營活動獲得最佳秩序和效益。

⑶標準化方針

標準化方針：恪守標準，規範行爲，持續改進，追求卓越。

標準化方針內涵：(略)

⑷標準化目標

4.企業標準體系

⑵建立公司標準體系的總要求

①標準體系是公司各項經營活動所涉及的標準按其內在聯繫形成科學的有機整體。

②建立公司標準體系應符合以下要求：

a.企業標準體系應以技術標準體系爲主體，以管理標準體系和工作標準體系相配套；

b.符合有關法律、法規，實施有關標準、行業標準；

c.企業標準體系內的標準應能滿足企業生產、技術、安全、品質、有害物質減免和經營管理的需要；

d.企業標準體系應在企業標準體系表的框架下制定；

e.企業標準體系內的標準之間相互協調；

f. 管理體系標準、工作體系標準應能保證技術標準體系的實施；

g. 企業標準體系內標準之間相互協調。

③企業標準體系應滿足企業各項管理的需要，企業標準體系是企業其他管理體系的基礎，如品質管理體系、計量檢測管理體系，將公司其他管理體系納入標準體系中，形成有機的一體化管理，促進企業形成一套完整、協調配合、自我完善的管理體系和運行機制。

④企業標準體系內的所有標準都是在本企業方針、目標和有關標準化法律的指導下形成，包括企業貫徹、採用上級標準和本企業制定的標準。

⑵**標準體系的組成**

①公司的企業標準體系由技術標準體系、管理標準體系和工作標準體系組成。

②企業標準體系內的所有標準都要在公司方針、目標和有關標準化法律、法規的指導下形成，包括貫徹、採用上級標準和本企業制定的標準。

③企業標準體系表是企業標準體系的一種表現形式，包括反映標準的體系分層分類的標準體系圖、涵蓋標準名稱分層分類的標準明細表。企業標準體系的組成形式如圖 14-1 所示。

⑶**標準體系表**

①企業標準體系表是企業標準體系內的標準按一定的形式排列起來的圖表。

②建立企業標準體系應首先研究和編制企業標準體系表。

③編制標準體系表應參照所規定的概念、原理、編制要求和

方法進行。

圖 14-1 企業標準體系組成形式

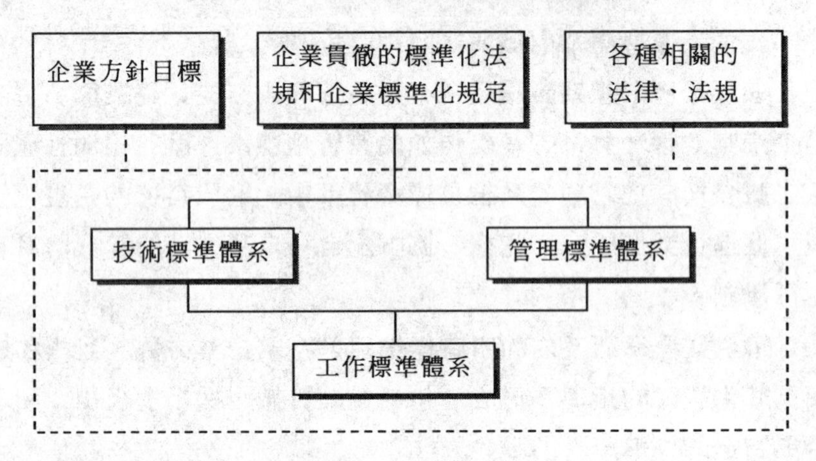

⑷標準體系表的結構形式

企業技術標準、管理標準和工作標準的層次結構。

⑸標準明細表

①已收集和計劃收集並經過標準有效性確認的有效版本標準，按標準體系表編號列入標準明細表。

②各標準使用單位負責每年6月底和12月底查詢進行標準版本有效性確認，確保使用的標準爲有效版本文件。

5.機構、人員和培訓

⑴標準化組織機構

公司設立以總經理爲首的標準化管理委員會，負責領導全公司的標準化工作，公司標準化組織由三層次組成，即公司標準化管理委員會、公司標準化職能管理機構（公司辦）、由各職能部門和工廠標準化員組成的公司標準體系工作組。

①標準化工作機構的最高領導者是公司總經理；

②標準化管理委員會成員由總經理、品質管理體系的管理者代表(副總經理)、公司主管技術和品質以及相關部門負責人、產品檢測中心及標準化有關專家組成，由總經理擔任標準化委員會主任。標準化委員會設秘書組，由公司辦主任擔任秘書長；

③公司辦是標準化管理委員會秘書組的常設機構，配備專職標準化技術人員，負責公司標準化管理委員會日常工作和對公司及公司各部門標準化工作統一歸口管理；

④公司下設三個標準化工作組，分別是技術標準化工作組，由總師辦主任任組長；管理標準化工作組，由公司辦主任任組長；工作標準化工作組，由人力資源部經理任組長。標準化工作組業務上受公司辦指導，承擔所在小組、部門的標準化管理職責；

圖 14-2　行政管理組織機構圖

- 總經理
  - 管理者代表
  - 副總經理
    - 財務部
    - 辦公室
    - 人力資源部
    - 動力部
    - 總師辦
    - 生產部
      - 總裝工廠
      - 電子工廠
      - 金工工廠
      - 注塑工廠
      - 噴漆工廠
    - 技術部
    - 品管部
    - 銷售部
    - 市場部
    - 採購部

⑵**標準化人員**

公司標準化人員應具備以下方面的知識和能力：

①企業標準化管理人員應具備與所從事標準化工作相適應的專業知識、標準知識和工作技能，經過培訓取得標準化人員資格證書；

②熟悉並能執行有關標準化法規、方針和政策；

③熟悉本企業生產、技術、經營及管理現狀，具備了一定的企業管理知識；

④具備一定的組織協調能力、電腦應用及文字表達能力。

⑶**標準化培訓**

①培訓要求

培訓應符合下列要求：

a.各級管理者熟悉有關標準化的法規、方針和政策；

b.瞭解標準化的基本知識，熟悉並掌握管轄範圍內的各類標準，能貫徹和運用；

c.專兼職標準化人員達到標準化人員的要求；

d.各類人員能熟練運用與本職工作有關的技術標準、管理標準和工作標準。

②培訓對象

培訓對象分別爲：

a.專職和兼職標準化員；

b.一般管理人員和現場工作人員；

c.企業高層主管和各職能部門、分廠主管。

③培訓辦法

可通過以下培訓方法：

a. 專職和兼職標準化員採用專題進修、函授、考察學習、學術交流等方式；

b. 一般管理人員和現場工作人員採取短期培訓、上崗培訓、標準化講座、知識競賽等；

c. 各級幹部可採取短訓班、考察學習、學術交流等。

④培訓任務、目標

培訓的任務和目標如下：

a. 專職標準化員──在公司內培訓的基礎上，送上級標準化部門組織的標準化學習班，經過培訓考核，取得上崗資格；

b. 兼職標準化員──要經過公司內培訓合格後，取得公司標準化上崗證書後，方可從事標準化工作；

c. 各級幹部──通過培訓，熟悉有關標準化法律、法規、方針、政策，瞭解標準化基本知識，熟練掌握管轄範圍內的技術、管理和工作標準，並能貫徹和應用；

d. 企業生產、經營的一線人員──通過培訓，熟練地運用與本職有關的技術、管理、工作標準。

6. 職責

⑴標準化管理委員會主任（總經理）職責

標準化管理委員會主任職責包括：

①貫徹標準化工作的法律、法規、方針、政策和有關強制性標準；

②確定與本企業方針、目標相適應的標準化工作任務和目標；

③確定企業標準化機構、人員及職責；

④審批標準化方針、目標、頒佈令、工作規劃、計劃和標準化活動經費；

⑤負責組織對公司標準體系的評定審核；

⑥鼓勵、表彰爲企業標準化工作作出貢獻的單位和個人，對不認真貫徹執行標準，造成損失的責任者，進行懲戒。

⑵**標準化辦公室主任職責**

標準化辦公室主任職責包括：

①確定並落實標準化法律、法規、規章以及強制性標準中與企業相關的要求；

②組織編制並落實企業標準化工作任務的指標，企業標準化規劃、計劃；

③建立和實施企業標準體系，編制企業標準體系表；

④組織實施有關行業標準和企業標準；

⑤對新產品、改進產品、技術改造和技術引進項目，提出標準化要求；

⑥對公司實施標準情況組織監督檢查，組織公司標準體系的自我評價，組織相關企業標準複評；

⑦負責制定企業標準化管理基礎標準，負責制定涉及企業產品形象的圖案標誌標準；

⑧負責企業標準的編號、標準化審查和管理；

⑨組織企業產品標準的備案和確認工作；

⑩負責產品型號的統一管理及行業標準化管理部門的註冊和備案；

⑪參加委託的有關標準的制定和審定工作，參加國內、國際各類標準化活動；

⑫組織產品採用國際標準，並負責採標驗收、確認工作；

⑬負責公司「標準化良好行爲企業」的申報、考核和驗收工

作；

⑭協同人力資源部組織標準化培訓，負責向標準化技術委員會提出在標準化管理方面的表彰、獎勵和處罰意見；

⑮負責公司標準化管理委員會的秘書工作。

⑶**各職能部門職責**

①總工程師（技術標準化工作組）

a. 總工程師(技術標準化工作組)標準化工作職責包括：

b. 分管技術標準體系，建立和實施企業技術標準體系，編制企業技術標準體系表；

c. 組織制定、修訂企業技術標準，認真做好企業產品標準的備案工作；

d. 組織實施納入企業技術標準體系的有關行業標準、地方標準和企業標準；

e. 對新產品、改進產品、技術改造和技術引進提出標準化要求，負責標準化審查；

f. 對企業技術標準的實施情況進行監督檢查，組織企業技術標準的復審；

g. 負責實施本企業的技術標準化培訓；

h. 負責管理標準文件資料，建立標準資料檔案，搜集國內外標準化信息；

i. 承擔或參與行業和地方委託的有關標準的制定和審定工作，參加國內外各類標準化活動；

j. 組織實施公司下達的其他標準化工作任務；

k. 按管理標準和工作標準對員工進行考核、獎懲。

②公司辦事處職責(管理標準化工作組)

公司辦職責(管理標準化工作組)標準化工作職責包括：

a.分管管理標準體系，建立和實施企業管理標準體系，編制企業管理標準體系表；

b.組織制訂(修訂)本企業管理體系文件，落實體系的有效運行與持續改進；

c.組織實施公司下達的其他標準化工作任務；

d.按管理標準和工作標準對員工進行考核、獎懲。

③人力資源部職責(工作標準化工作組)

人力資源部職責(工作標準化工作組)標準化工作職責包括：

a.分管工作標準體系，建立和實施企業工作標準體系，編制企業工作標準體系表；

b.負責編制標準化培訓計劃，並組織實施與考核；

c.負責編制與組織實施人力資源管理標準；

d.按管理標準和工作標準對員工進行考核、獎懲。

④其他各部門職責

a.貫徹公司標準化工作方針，負責公司下達的標準化工作任務的落實和展開；

b.結合本部門的工作特點，制定本部門貫徹公司標準化工作方針，負責公司下達的標準化工作任務的落實和展開；

c.負責本部門相關聯的企業標準的制定工作，負責公司的各種企業標準在本部門的貫徹實施，負責本部門標準文本的受控發放和回收；

d.負責收集本部門技術和管理相關的必備標準和相關標準，建立本部門企業標準體系，編制本部門專用標準目錄，提供標準文檔(包括技術、管理、工作方面的規程和規範的清單)交公司辦實現信息資料共用；

e.負責本部室、工廠內部流通技術文件資料的標準化審查。

⑤標準化員職責

標準化員的標準化工作職責包括：

a.協助制定本部門各類標準，協助編制本部門標準化計劃；

b.組織實施企業標準化管理委員會下達的標準化工作任務；

c.組織實施與本部門有關的標準化工作；

d.組織本部門員工進行標準化培訓，做好標準化宣傳工作；

e.負責管理本部門各類標準，建立本部門標準檔案；

f.按標準化管理手冊評價和改進管理標準，對本部門及員工進行標準化考核，提出改進建議。

7.企業標準化管理標準計劃

⑴標準化管理制度

公司按本手冊的要求開展企業標準化管理工作，並由標準化辦公室統籌，對規劃、計劃的實施情況進行檢查、考核。本手冊的制定充分考慮公司的實際和已建立的品質管理體系基礎，規定了以下方面的基本內容。

①規定標準化人員知識和能力、管理機構、職責、工作要求與方法等；

②規定企業標準制定、修訂、復審的工作原則、工作程序及具體要求；

③規定實施標準及對標準實施進行監督檢查的原則、方法、要求、程序和分工；

④規定標準及標準信息的收集、管理和使用等方面的要求；

⑤規定實施各級有關標準的程序和方法；

⑥規定標準化規劃、計劃任務、工作程序和要求；

⑦規定標準化培訓的任務、目標、方法和程序；

⑧規定標準化成果管理和標準化資料、經費管理。

⑵標準化工作的規劃和計劃

①標準化工作的規劃和計劃內容

公司根據企業生產、技術、經營和管理對標準化工作的需要，有計劃地開展標準化活動，並制定了規劃和年度計劃，具體內容包括：

a. 制定、修訂企業標準體系和企業標準的規劃、計劃；

b. 採用國際標準的規劃、計劃；

c. 標準化科研的規劃、計劃；

d. 標準化培訓計劃和實施標準計劃；

e. 標準化文本有效性檢查計劃。

②標準化工作規劃和計劃的工作程序與要求

公司制定標準化規劃和計劃，具體程序與要求如下：

a. 一般情況，規劃三年制定一次，計劃每年制定一次；

b. 由標準化辦公室匯總各部門意見，制訂規劃、計劃初稿；

c. 徵求標委會意見，進行修改形成規劃、計劃的報批稿；

d. 規劃、計劃的報批稿經總經理批准，發佈貫徹實施。

8. 企業標準化信息

⑴標準化信息的範圍

公司重點掌握以下方面的標準化信息：

①企業生產、安全、品質、環境、有害物質減免、經營、科研和貿易等方面所需要的有效標準文本；

②國內外有關的標準化期刊、出版物；

③有關標準化法律、法規、規章和規範性文件；

④有關的國際標準、技術法規和國外先進標準的中外文本；

⑤其他與本企業有關的標準化信息資料。

⑵標準化信息管理的基本要求

辦公室負責組織收集、整理、保管和使用標準化信息，應：

①建立廣泛而穩定的信息收集管道；

②及時地瞭解並收集與本企業有關的標準發佈、修訂、更改和廢止的信息；

③對收集的資料進行整理、分類、登記、編目和借閱，及時傳遞到使用部門；

④收藏的標準信息應及時更替、更改，保持良好的時效性；

⑤建立標準電子文檔信息庫存；

⑥利用公司內部局域網，開通標準的網路服務系統。

9.企業標準的制定

⑴企業標準的制定範圍

公司應對以下方面制定企業標準：

①產品標準，當本公司生產的產品具備適用的國際或行業標準時，公司盡可能採用這些標準，當無上述適用標準時，企業制定適用於本公司產品生產的企業標準；

②生產、技術、品質、環境、職業健康安全、有害物質減免、經營和管理活動所需的技術標準、管理標準和工作標準；

③設計、採購、技術、工裝、半成品以及服務的技術標準；

⑵制定企業標準的一般程序

①編制制定標準的計劃

公司各部室、工廠，每年 11 月編報下一年度的制定(修訂)

標準計劃，交標準化辦公室歸納總結，分送標委會審核同意後，列入年度標準化工作計劃。

②起草標準草案(徵求意見稿)

標準起草部門對收集到的資料應進行整理、分析、對比、選優，必要時應進行試行、試驗對比和驗證，然後起草標準草案，在起草標準草案的同時，應編寫企業標準編制說明。

③形成標準送審稿

起草人完成標準草稿後連同標準編制說明交標準化辦公室，由標準化辦公室通過公司的內部局域網向有關部門徵求意見(必要時向企業外部單位徵求意見)，歸納匯總，對返回意見分析研究，編寫出標準送審稿。

④標準審查

A.標準審查的時間

標準送審稿由各分標準組在 10 日內對其進行審查。

B.標準審查方式

標準審查方式分會審和會簽兩種。會審方式：對涉及面廣、涉及公司重大經營活動的標準，由標準化辦公室組織相關人員(必要時聘請相關專家)對標準進行會議審查，會審時應提供標準送審稿、編制說明、徵求意見表的意見匯總。會審後，應寫出「標準審查會議紀要」，「標準審查會議紀要」的附件應寫明參加審查會議的人員名單(包括姓名、工作單位、部門、職務、職稱)。

會簽方式：除需要會審外的標準，由標準化辦公室將編制的標準送遞(或通過內部局域網發給)各有關部門，有關部門應按標準審查要求的時間完成評審工作。

⑤編制標準報批稿

經審查通過的標準送審稿，標準化辦公室會同起草部門根據審查意見進行修改，編寫「標準報批稿」和相關文件「標準編制說明」、「標準審查會議紀要」、「標準意見徵求匯總表」。

⑥批准和發佈

⑶**標準的復審**

公司的企業標準實行定期復審制：

①復審週期：產品標準一般爲三年，管理標準、工作標準一般爲一年，復審工作由標準化管理委員會負責組織。

②復審流程：標準編制部門初審，標準化管理委員會會審。復審繼續有效的標準，僅需做好標準復審記錄。經復審後決定要作修改的標準，應及時更改，有重大變化的標準，要重新辦理報批、發佈手續，並收回作廢版本。產品標準重新報標準化行政主管部門備案。

⑷**標準的修訂和更改**

標準的修訂應納入標準化委員會的年度工作計劃，並監督實施。

由標準化委員會下達標準修訂任務，並指定主管部門或人員進行修訂工作。

⑸**企業標準編號**

①產品標準編號要求

產品標準的編號一般由企業標準代號、企業代號、標準順序號和批准年代號組成。產品標準編號示例如下：

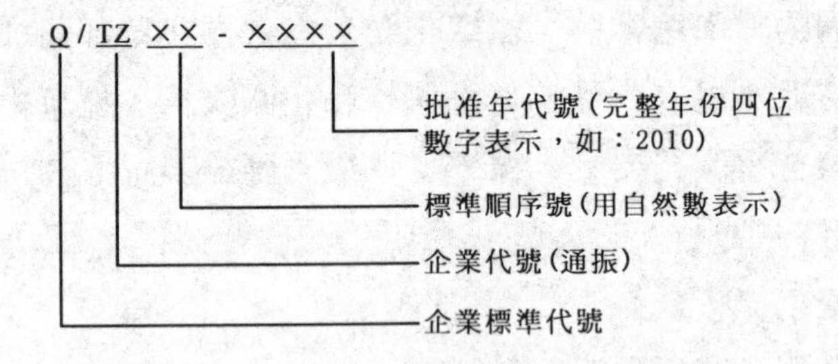

②技術標準編號要求

技術標準的編號一般由企業標準代號、企業代號、技術標準代號、類別代號、標準順序號和批准年代號組成。

技術標準編號示例如下：

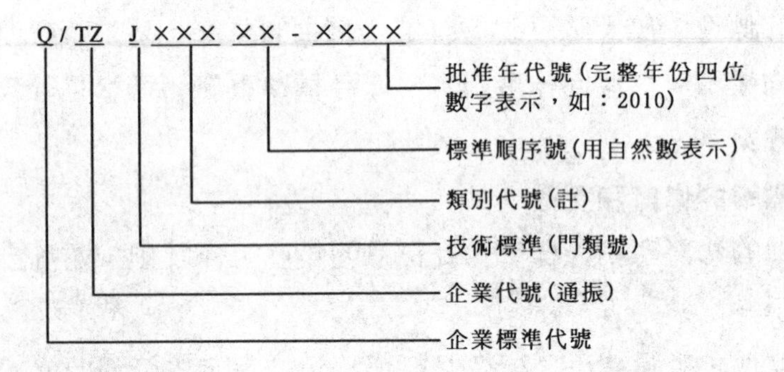

註：類別代號表示含義：

100──技術基礎標準；　101──設計技術標準；
102──產品標準；　103──採購標準；
104──技術標準；　105──設備和技術裝備技術標準；
106──半成品技術標準；　107──核對總和試驗方法技術標準；
108──測量和試驗設備技術標準；　109──包裝、搬運、貯存、標誌技術標準；
110──安裝交付技術標準；　111──服務技術標準；
112──能源技術標準；　113──安全技術標準；
114──職業健康技術標準；　115──環境技術標準；
116──信息技術標準；

③管理標準編號要求

管理標準的編號一般由企業標準代號、企業代號、管理標準代號、類別代號、標準順序號和批准年代號組成。

管理標準編號示例如下：

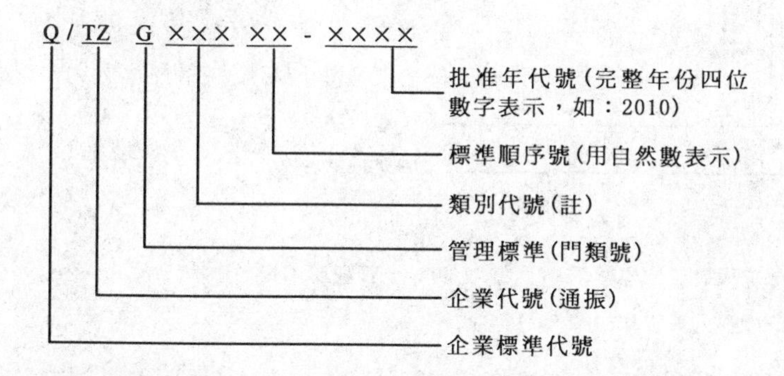

註：分類標準代號表示含義：

200──管理基礎標準；
201──經營綜合管理標準；
202──設計、開發與創新管理標準；
203──採購管理標準；
204──生產管理標準；
205──品質管理標準；
206──設備與基礎設施管理標準；
207──測量、核對總和試驗管理標準；
208──包裝、搬運、貯存、標誌管理標準；
209──安裝、交付管理標準；
210──服務管理標準；
211──能源管理標準；
212──安全管理標準；
213──職業健康管理標準；
214──環境管理標準；
215──信息管理標準；
216──體系評價管理標準；
217──標準化管理標準；

④工作標準編號要求

工作標準的編號一般由企業標準代號、企業代號、工作標準代號、類別代號、標準順序號和批准年代號組成。

工作標準編號示例如下：

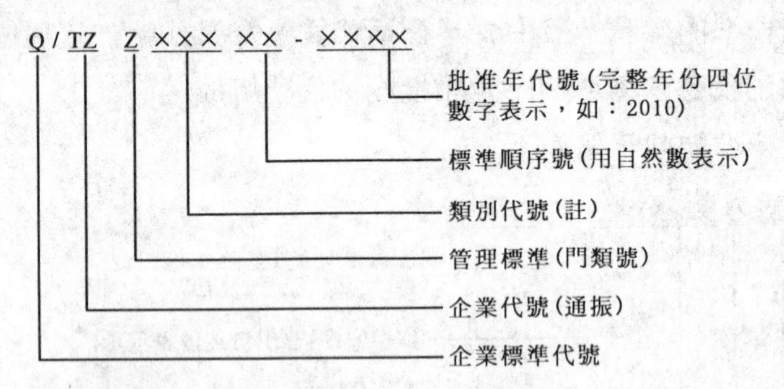

註：類別代號表示含義：

301──決策層工作標準； 302──管理層工作標準；

303──操作人員工作標準。

10.標準的實施

①制定實施標準計劃

應將實施標準的工作列入企業計劃，規定有關部門應承擔的任務和完成時間。實施標準計劃的內容包括：

a. 實施標準的方式；

b. 實施標準的步驟、內容、起止時間及責任部門或人員；

c. 應達到的要求或目標等。

②實施標準的準備

實施標準的準備工作包括：

a. 建立相應的組織機構，負責標準實施中的組織協調；

b. 宣貫或講解標準規定內容，使有關員工理解和掌握標準內容；

c. 進行技術準備，必要時應進行技術改造或技術攻關；

d. 進行物資準備，爲實施標準提供必要的資源。

③實施標準

a. 按照技術標準、管理標準、工作標準的不同特點，在做好準備工作的基礎上，由各部門分別在各個環節組織實施有關標準；

b. 各有關部門應嚴格實施標準；

c. 在貫徹實施企業標準中遇到的問題，應及時與品質技術部門或標準起草部門溝通。

④檢查總結

檢查標準的實施效果，總結標準的實施經驗和問題。

11.標準實施的監督檢查

(1)對標準實施進行檢查的原則

①全面檢查原則

無論是單項標準的實施檢查，還是公司生產經營過程或某一段過程中的標準實施檢查，都必須全面地檢查標準中各項規定或各項標準的實施狀況，不可漏缺。

②與內部審核結合原則

標準實施檢查與公司內部審核密切結合，統一考核。

③與責任制考核相結合原則

標準實施的檢查結果與相關的公司績效考核緊密掛鈎。

(2)監督檢查的方式

企業內標準實施監督可採用統一指揮、分工負責相結合的管理方式，在總經理、分管副總的領導下，由辦公室統一進行組織、協調、考核，各有關部門按專業分工對有關標準的實施情況進行監督檢查。

標準實施的監督檢查可按下列方式進行：

①技術標準、管理標準的實施分別由總師辦、公司辦進行監

督檢查，其中產品標準的實施情況由人力資源部按相關標準、績效考核辦法進行檢查考核；

②管理部門工作標準實施情況，由人力資源部組織檢查考核；

③各類崗位人員工作標準由所屬部門負責人組織檢查考核；

④企業在研製新產品(服務)、改進產品(服務)、技術改造、引進技術和設備時應對其符合有關標準化法律、法規、規章和強制性標準的情況進行監督；

⑤應在科研、設計、生產以及技術引進、設備引進的各個階段，由企業專、兼職標準化人員負責對有關部門圖樣和技術文件進行標準化審查。

⑶監督檢查的處理

①負責監督檢查的部門和人員，應確保監督檢查的客觀性和公正性，檢查結果記錄，作爲改進的依據。

②標準實施的檢查後，應把標準實施狀況和效果與有關部門及人員的精神和物質待遇緊密掛鈎，對認真實施標準並取得顯著成績的部門和人員，應給予表揚或獎勵。對貫徹標準不力，造成不良後果的，應給予批評教育，對違反標準規定，造成嚴重後果的，按有關法律、法規規定與企業標準或公司制度規定，追究法律和責任。

⑷企業標準體系的評價與改進

爲確保公司企業標準化體系的適宜性、充分性和有效性，公司辦每年組織不少於一次的自我評價。公司辦結合平時標準實施的監督檢查結果進行持續改進。持續改進應按照 PDCA 管理模式和方法進行，按策劃、實施、檢查、處置再策劃的管理模式週而復始地順序運作，從而實現對企業標準體系持續改進的目的。

13.標準化成果管理

在標準化領域內，通過制、修訂標準和標準化管理活動，對提高企業管理水準有顯著作用的論文、著作、標準、管理方法等成果，由公司辦負責組織、收集和評選，並送交標準化管理委員會主任審批，按企業科技成果獎勵條例確定成果等級，予以獎勵。

14.標準化資料、經費管理

⑴標準化的資料管理

標準化辦公室應建立標準化工作活動中的各種資料台賬，妥善保管各種文件、上級指示、標準文本、工作計劃、總結、報表等。公司各部室、工廠應保存標準化基礎資料，保存各種文件、上級指示和公司發給的標準化資料。

標準化辦公室負責公司標準庫的建立、運行、維護和持續改進。

⑵標準化經費管理

①標準化費用

設立公司標準化專項費用帳戶，涉及標準化費用從中列支。

②標準化費用使用範圍

標準化經費的使用範圍包括：

- 標準的制定、修訂費用；
- 標準化會議費用；
- 標準化培訓費用；
- 標準化資料費用；
- 標準化外部交流、考察、調研、收集標準費用；
- 標準化獎勵費用；
- 標準化協會費用；

・研究先進標準費用；

・貫徹實施標準化科研、試驗費用；

・研究先進技術費用。

心得欄

圖書出版目錄

1. 傳播書香社會，凡向本出版社購買（或郵局劃撥購買），一律 9 折優惠。
   服務電話(02) 27622241 (03) 9310960 傳真(02) 27620377
2. 請將書款用 ATM 自動扣款轉帳到我公司下列的銀行帳戶。
   銀行名稱：合作金庫銀行 帳號：5034-717-347447
   公司名稱：憲業企管顧問有限公司
3. 郵局劃撥號碼：18410591 郵局劃撥戶名：憲業企管顧問公司
4. 圖書出版資料隨時更新，請見網站 www.bookstore99.com
5. **電子雜誌贈品** 回饋讀者，免費贈送《環球企業內幕報導》電子報，請將你的 e-mail、姓名，告訴我們編輯部郵箱 huang2838@yahoo.com.tw 即可。

經營顧問叢書

4	目標管理實務	320 元
5	行銷診斷與改善	360 元
6	促銷高手	360 元
7	行銷高手	360 元
8	海爾的經營策略	320 元
9	行銷顧問師精華輯	360 元
10	推銷技巧實務	360 元
11	企業收款高手	360 元
12	營業經理行動手冊	360 元
13	營業管理高手（上）	一套
14	營業管理高手（下）	500 元
16	中國企業大勝敗	360 元
18	聯想電腦風雲錄	360 元
19	中國企業大競爭	360 元
21	搶灘中國	360 元
22	營業管理的疑難雜症	360 元
23	高績效主管行動手冊	360 元

25	王永慶的經營管理	360 元
26	松下幸之助經營技巧	360 元
30	決戰終端促銷管理實務	360 元
32	企業併購技巧	360 元
33	新產品上市行銷案例	360 元
37	如何解決銷售管道衝突	360 元
46	營業部門管理手冊	360 元
47	營業部門推銷技巧	390 元
49	細節才能決定成敗	360 元
52	堅持一定成功	360 元
55	開店創業手冊	360 元
56	對準目標	360 元
57	客戶管理實務	360 元
58	大客戶行銷戰略	360 元
59	業務部門培訓遊戲	380 元
60	寶潔品牌操作手冊	360 元
61	傳銷成功技巧	360 元

63	如何開設網路商店	360 元
66	部門主管手冊	360 元
67	傳銷分享會	360 元
68	部門主管培訓遊戲	360 元
69	如何提高主管執行力	360 元
70	賣場管理	360 元
71	促銷管理（第四版）	360 元
72	傳銷致富	360 元
73	領導人才培訓遊戲	360 元
75	團隊合作培訓遊戲	360 元
76	如何打造企業贏利模式	360 元
77	財務查帳技巧	360 元
78	財務經理手冊	360 元
79	財務診斷技巧	360 元
80	內部控制實務	360 元
81	行銷管理制度化	360 元
82	財務管理制度化	360 元
83	人事管理制度化	360 元
84	總務管理制度化	360 元
85	生產管理制度化	360 元
86	企劃管理制度化	360 元
87	電話行銷倍增財富	360 元
88	電話推銷培訓教材	360 元
90	授權技巧	360 元
91	汽車販賣技巧大公開	360 元
92	督促員工注重細節	360 元
93	企業培訓遊戲大全	360 元
94	人事經理操作手冊	360 元
95	如何架設連鎖總部	360 元
96	商品如何舖貨	360 元
97	企業收款管理	360 元

98	主管的會議管理手冊	360 元
100	幹部決定執行力	360 元
106	提升領導力培訓遊戲	360 元
107	業務員經營轄區市場	360 元
109	傳銷培訓課程	360 元
111	快速建立傳銷團隊	360 元
112	員工招聘技巧	360 元
113	員工績效考核技巧	360 元
114	職位分析與工作設計	360 元
116	新產品開發與銷售	400 元
117	如何成爲傳銷領袖	360 元
118	如何運作傳銷分享會	360 元
122	熱愛工作	360 元
124	客戶無法拒絕的成交技巧	360 元
125	部門經營計劃工作	360 元
127	如何建立企業識別系統	360 元
128	企業如何辭退員工	360 元
129	邁克爾・波特的戰略智慧	360 元
130	如何制定企業經營戰略	360 元
131	會員制行銷技巧	360 元
132	有效解決問題的溝通技巧	360 元
133	總務部門重點工作	360 元
134	企業薪酬管理設計	
135	成敗關鍵的談判技巧	360 元
137	生產部門、行銷部門績效考核手冊	360 元
138	管理部門績效考核手冊	360 元
139	行銷機能診斷	360 元
140	企業如何節流	360 元
141	責任	360 元
142	企業接棒人	360 元

143	總經理工作重點	360 元
144	企業的外包操作管理	360 元
145	主管的時間管理	360 元
146	主管階層績效考核手冊	360 元
147	六步打造績效考核體系	360 元
148	六步打造培訓體系	360 元
149	展覽會行銷技巧	360 元
150	企業流程管理技巧	360 元
152	向西點軍校學管理	360 元
153	全面降低企業成本	360 元
154	領導你的成功團隊	360 元
155	頂尖傳銷術	360 元
156	傳銷話術的奧妙	360 元
158	企業經營計劃	360 元
159	各部門年度計劃工作	360 元
160	各部門編制預算工作	360 元
161	不景氣時期，如何開發客戶	360 元
162	售後服務處理手冊	360 元
163	只爲成功找方法，不爲失敗找藉口	360 元
166	網路商店創業手冊	360 元
167	網路商店管理手冊	360 元
168	生氣不如爭氣	360 元
169	不景氣時期，如何鞏固老客戶	360 元
170	模仿就能成功	350 元
171	行銷部流程規範化管理	360 元
172	生產部流程規範化管理	360 元
173	財務部流程規範化管理	360 元
174	行政部流程規範化管理	360 元
176	每天進步一點點	350 元
177	易經如何運用在經營管理	350 元
178	如何提高市場佔有率	360 元
179	推銷員訓練教材	360 元
180	業務員疑難雜症與對策	360 元
181	速度是贏利關鍵	360 元
182	如何改善企業組織績效	360 元
183	如何識別人才	360 元
184	找方法解決問題	360 元
185	不景氣時期，如何降低成本	360 元
186	營業管理疑難雜症與對策	360 元
187	廠商掌握零售賣場的竅門	360 元
188	推銷之神傳世技巧	360 元
189	企業經營案例解析	360 元
191	豐田汽車管理模式	360 元
192	企業執行力（技巧篇）	360 元
193	領導魅力	360 元
194	注重細節（增訂四版）	360 元
196	公關活動案例操作	360 元
197	部門主管手冊(增訂四版)	360 元
198	銷售說服技巧	360 元
199	促銷工具疑難雜症與對策	360 元
200	如何推動目標管理(第三版)	390 元
201	網路行銷技巧	360 元
202	企業併購案例精華	360 元
204	客戶服務部工作流程	360 元
205	總經理如何經營公司(增訂二版)	360 元
206	如何鞏固客戶（增訂二版）	360 元
207	確保新產品開發成功(增訂三版)	360 元
208	經濟大崩潰	360 元
209	鋪貨管理技巧	360 元
210	商業計劃書撰寫實務	360 元
211	電話推銷經典案例	360 元

212	客戶抱怨處理手冊(增訂二版)	360 元
213	現金爲王	360 元
214	售後服務處理手冊（增訂三版）	360 元
215	行銷計劃書的撰寫與執行	360 元
216	內部控制實務與案例	360 元
217	透視財務分析內幕	360 元
218	主考官如何面試應徵者	360 元
219	總經理如何管理公司	360 元
220	如何推動利潤中心制度	360 元
221	診斷你的市場銷售額	360 元
222	確保新產品銷售成功	360 元
223	品牌成功關鍵步驟	360 元
224	客戶服務部門績效量化指標	360 元
225	搞懂財務當然有利潤	360 元
226	商業網站成功密碼	360 元
227	人力資源部流程規範化管理（增訂二版）	360 元
228	經營分析	360 元
229	產品經理手冊	360 元
230	診斷改善你的企業	360 元
231	經銷商管理手冊(增訂三版)	360 元
232	電子郵件成功技巧	360 元
233	喬・吉拉德銷售成功術	360 元
234	銷售通路管理實務〈增訂二版〉	360 元

《商店叢書》

1	速食店操作手冊	360 元
4	餐飲業操作手冊	390 元
5	店員販賣技巧	360 元
8	如何開設網路商店	360 元
9	店長如何提升業績	360 元
10	賣場管理	360 元
11	連鎖業物流中心實務	360 元
12	餐飲業標準化手冊	360 元
13	服飾店經營技巧	360 元
14	如何架設連鎖總部	360 元
18	店員推銷技巧	360 元
19	小本開店術	360 元
20	365 天賣場節慶促銷	360 元
21	連鎖業特許手冊	360 元
23	店員操作手冊（增訂版）	360 元
25	如何撰寫連鎖業營運手冊	360 元
26	向肯德基學習連鎖經營	350 元
28	店長操作手冊（增訂三版）	360 元
29	店員工作規範	360 元
30	特許連鎖業經營技巧	360 元
31	店員銷售口才情景訓練	360 元
32	連鎖店操作手冊(增訂三版)	360 元
33	開店創業手冊〈增訂二版〉	360 元
34	如何開創連鎖體系〈增訂二版〉	360 元

《工廠叢書》

1	生產作業標準流程	380 元
4	物料管理操作實務	380 元
5	品質管理標準流程	380 元
6	企業管理標準化教材	380 元
8	庫存管理實務	380 元
9	ISO 9000 管理實戰案例	380 元
10	生產管理制度化	360 元
11	ISO 認證必備手冊	380 元
12	生產設備管理	380 元
13	品管員操作手冊	380 元

14	生產現場主管實務	380 元
15	工廠設備維護手冊	380 元
16	品管圈活動指南	380 元
17	品管圈推動實務	380 元
18	工廠流程管理	380 元
20	如何推動提案制度	380 元
22	品質管制手法	380 元
24	六西格瑪管理手冊	380 元
28	如何改善生產績效	380 元
29	如何控制不良品	380 元
30	生產績效診斷與評估	380 元
31	生產訂單管理步驟	380 元
32	如何藉助 IE 提升業績	380 元
34	如何推動 5S 管理（增訂三版）	380 元
35	目視管理案例大全	380 元
36	生產主管操作手冊(增訂三版)	380 元
37	採購管理實務（增訂二版）	380 元
38	目視管理操作技巧(增訂二版)	380 元
39	如何管理倉庫（增訂四版）	380 元
40	商品管理流程控制(增訂二版)	380 元
41	生產現場管理實戰	380 元
42	物料管理控制實務	380 元
43	工廠崗位績效考核實施細則	380 元
46	降低生產成本	380 元
47	物流配送績效管理	380 元
48	生產部門流程控制卡技巧	380 元
49	6S 管理必備手冊	380 元
50	品管部經理操作規範	380 元
51	透視流程改善技巧	380 元
52	部門績效考核的量化管理（增訂版）	380 元
53	生產主管工作日清技巧	380 元
55	企業標準化的創建與推動	380 元
56	精細化生產管理	380 元

《醫學保健叢書》

1	9 週加強免疫能力	320 元
2	維生素如何保護身體	320 元
3	如何克服失眠	320 元
4	美麗肌膚有妙方	320 元
5	減肥瘦身一定成功	360 元
6	輕鬆懷孕手冊	360 元
7	育兒保健手冊	360 元
8	輕鬆坐月子	360 元
9	生男生女有技巧	360 元
10	如何排除體內毒素	360 元
11	排毒養生方法	360 元
12	淨化血液　強化血管	360 元
13	排除體內毒素	360 元
14	排除便秘困擾	360 元
15	維生素保健全書	360 元
16	腎臟病患者的治療與保健	360 元
17	肝病患者的治療與保健	360 元
18	糖尿病患者的治療與保健	360 元
19	高血壓患者的治療與保健	360 元
21	拒絕三高	360 元
22	給老爸老媽的保健全書	360 元
23	如何降低高血壓	360 元
24	如何治療糖尿病	360 元

25	如何降低膽固醇	360 元
26	人體器官使用說明書	360 元
27	這樣喝水最健康	360 元
28	輕鬆排毒方法	360 元
29	中醫養生手冊	360 元
30	孕婦手冊	360 元
31	育兒手冊	360 元
32	幾千年的中醫養生方法	360 元
33	免疫力提升全書	360 元
34	糖尿病治療全書	360 元
35	活到 120 歲的飲食方法	360 元
36	7 天克服便秘	360 元
37	爲長壽做準備	360 元

《幼兒培育叢書》

1	如何培育傑出子女	360 元
2	培育財富子女	360 元
3	如何激發孩子的學習潛能	360 元
4	鼓勵孩子	360 元
5	別溺愛孩子	360 元
6	孩子考第一名	360 元
7	父母要如何與孩子溝通	360 元
8	父母要如何培養孩子的好習慣	360 元
9	父母要如何激發孩子學習潛能	360 元
10	如何讓孩子變得堅強自信	360 元

《成功叢書》

1	猶太富翁經商智慧	360 元
2	致富鑽石法則	360 元
3	發現財富密碼	360 元

《企業傳記叢書》

1	零售巨人沃爾瑪	360 元
2	大型企業失敗啓示錄	360 元
3	企業併購始祖洛克菲勒	360 元
4	透視戴爾經營技巧	360 元
5	亞馬遜網路書店傳奇	360 元
6	動物智慧的企業競爭啓示	320 元
7	CEO 拯救企業	360 元
8	世界首富　宜家王國	360 元
9	航空巨人波音傳奇	360 元
10	傳媒併購大亨	360 元

《智慧叢書》

1	禪的智慧	360 元
2	生活禪	360 元
3	易經的智慧	360 元
4	禪的管理大智慧	360 元
5	改變命運的人生智慧	360 元
6	如何吸取中庸智慧	360 元
7	如何吸取老子智慧	360 元
8	如何吸取易經智慧	360 元

《DIY 叢書》

1	居家節約竅門 DIY	360 元
2	愛護汽車 DIY	360 元
3	現代居家風水 DIY	360 元
4	居家收納整理 DIY	360 元
5	廚房竅門 DIY	360 元
6	家庭裝修 DIY	360 元
7	省油大作戰	360 元

《傳銷叢書》

4	傳銷致富	360 元
5	傳銷培訓課程	360 元
7	快速建立傳銷團隊	360 元
9	如何運作傳銷分享會	360 元
10	頂尖傳銷術	360 元
11	傳銷話術的奧妙	360 元
12	現在輪到你成功	350 元
13	鑽石傳銷商培訓手冊	350 元
14	傳銷皇帝的激勵技巧	360 元
15	傳銷皇帝的溝通技巧	360 元
16	傳銷成功技巧（增訂三版）	360 元
17	傳銷領袖	360 元

《財務管理叢書》

1	如何編制部門年度預算	360 元
2	財務查帳技巧	360 元
3	財務經理手冊	360 元
4	財務診斷技巧	360 元
5	內部控制實務	360 元
6	財務管理制度化	360 元
7	現金爲王	360 元
8	財務部流程規範化管理	360 元
9	如何推動利潤中心制度	360 元
10	搞懂財務當然有利潤	360 元

《培訓叢書》

1	業務部門培訓遊戲	380 元
2	部門主管培訓遊戲	360 元
3	團隊合作培訓遊戲	360 元
4	領導人才培訓遊戲	360 元
8	提升領導力培訓遊戲	360 元
9	培訓部門經理操作手冊	360 元
11	培訓師的現場培訓技巧	360 元
12	培訓師的演講技巧	360 元
14	解決問題能力的培訓技巧	360 元
15	戶外培訓活動實施技巧	360 元
16	提升團隊精神的培訓遊戲	360 元
17	針對部門主管的培訓遊戲	360 元
18	培訓師手冊	360 元
19	企業培訓遊戲大全（增訂二版）	360 元

爲方便讀者選購，本公司將一部分上述圖書又加以專門分類如下：

《企業制度叢書》

1	行銷管理制度化	360 元
2	財務管理制度化	360 元
3	人事管理制度化	360 元
4	總務管理制度化	360 元
5	生產管理制度化	360 元
6	企劃管理制度化	360 元

《主管叢書》

1	部門主管手冊	360 元
2	總經理行動手冊	360 元
3	營業經理行動手冊	360 元
4	生產主管操作手冊	380 元
5	店長操作手冊（增訂版）	360 元
6	財務經理手冊	360 元
7	人事經理操作手冊	360 元

《人事管理叢書》

1	人事管理制度化	360 元
2	人事經理操作手冊	360 元
3	員工招聘技巧	360 元
4	員工績效考核技巧	360 元
5	職位分析與工作設計	360 元

6	企業如何辭退員工	360 元
7	總務部門重點工作	360 元
8	如何識別人才	360 元
9	主考官如何面試應徵者	360 元
10	人力資源部流程規範化管理（增訂二版）	360 元

《理財叢書》

1	巴菲特股票投資忠告	360 元
2	受益一生的投資理財	360 元
3	終身理財計劃	360 元
4	如何投資黃金	360 元
5	巴菲特投資必贏技巧	360 元
6	投資基金賺錢方法	360 元
7	索羅斯的基金投資必贏忠告	360 元
8	巴菲特爲何投資比亞迪	360 元

《網路行銷叢書》

1	網路商店創業手冊	360 元
2	網路商店管理手冊	360 元
3	網路行銷技巧	360 元
4	商業網站成功密碼	360 元
5	電子郵件成功技巧	360 元

《經濟叢書》

1	經濟大崩潰	360 元
2	石油戰爭揭秘(即將出版)	

回饋讀者，免費贈送**《環球企業內幕報導》**電子報，請將你的 e-mail、姓名，告訴我們 huang2838@yahoo.com.tw 即可。

工廠叢書(55) **售價：380 元**

企業標準化的創建與推動

西元二〇一〇年四月 初版一刷

編著：洪其福 劉耀文

策劃：麥可國際出版有限公司（新加坡）

編輯：蕭玲

校對：焦俊華

發行人：黃憲仁

發行所：憲業企管顧問有限公司

電話：（02）2762-2241 （03）9310960

臺北聯絡處：臺北郵政信箱第 36 之 1100 號

郵政劃撥：**18410591 憲業企管顧問有限公司**

登記證：行政業新聞局版台業字第 6380 號

ISBN：978-986-6421-50-1